MODERNE AUTOPFLEGE

Oliver Haas / Martin Mainka

Waschen, Polieren & Detailing vom Allerfeinsten

Impressum

HEEL Verlag GmbH
Gut Pottscheidt
53639 Königswinter
Telefon 0 22 23 / 92 30-0
Telefax 0 22 23 / 92 30 26
Mail: info@heel-verlag.de
Internet: www.heel-verlag.de

3. Auflage 2021

Verantwortlich für den Inhalt:
Oliver Haas, Martin Mainka

Projektbetreuung und Lektorat:
Jürgen Schlegelmilch

Fotonachweis:
Constantin Stein Fotografie, Fotolia (Seite 13, 152, 154, 170, 172, 173-175), Auto Finesse (Seite 16/17, 114/115)

Grafiken: Philipp Reichelt, reichelt media.design

Satz und Gestaltung:
Ralf Kolmsee, F5 Mediengestaltung, Bonn

Printed in Slovenia

ISBN: 978-3-95843-767-8

Warnhinweis:
Dieses Buch soll Hilfe zur Selbsthilfe sein. Die hierin veröffentlichten technischen Ratschläge sind nach bestem Wissen und eigenen Erfahrungen zusammengestellt worden. Für etliche technische Ratschläge in diesem Buch wird handwerkliches Grundwissen vorausgesetzt, ohne das man die entsprechenden Arbeiten nicht angehen soll. Im Zweifelsfall sollte man vor Durchführung von Reinigungs- und Pflegearbeiten immer zuerst einen geschulten Spezialisten zu Rate ziehen und die Arbeiten nicht selbst durchführen.
Etliche Ratschläge können bei fehlerhafter Ausführung unter bestimmten Umständen zu erheblichen Folgeschäden führen. Autoren und Verlag lehnen daher ausdrücklich jede Haftung für die veröffentlichten Arbeitsanweisungen und daraus gefolgerte Schlüsse ab. Für alle anhand dieses Buches ausgeführten Arbeiten übernimmt der durchführende Schrauber, Bastler oder Mechaniker das alleinige und uneingeschränkte Risiko. Ebenso ist die Haftung der Autoren und des Verlags für Druckfehler, Schreibfehler und sachliche Fehler jeder Art ausdrücklich ausgeschlossen.

83 metoo DAS OFFIZIELLE BUCH

MODERNE AUTOPFLEGE

Oliver Haas / Martin Mainka

Waschen, Polieren & Detailing vom Allerfeinsten

HEEL WERKSTATT

INHALT

Liebe Leserinnen, liebe Leser, liebe Auto-Detailing-Enthusiasten,

vielleicht wird sich der eine oder andere fragen: „Warum brauche ich ein Buch über das Autowaschen?" Nun, die Antwort dafür ist ganz einfach: Autopflege liegt im Trend der Zeit – und das nicht erst seit gestern. Dazu an dieser Stelle ein paar sehr beeindruckende Zahlen. Deutschland liegt mit einer Auto-Dichte von 548 Personenkraftwagen je 1000 Einwohner auf Platz 6 im EU-weiten Vergleich. 62,6 Millionen Kraftfahrzeuge zählte das Kraftfahrt-Bundesamt (KBA) zum 1. Januar 2017. Dieser Statistik zufolge ist innerhalb der letzten 8 Jahre die Zahl der Autos um rund 6 Millionen Stück angestiegen. Eine weitere Zahl ist dabei sehr bemerkenswert: Das Durchschnittsalter der Fahrzeuge liegt bei 9,3 Jahren.

Diese Entwicklung unterstreicht die zunehmende Bedeutung der richtigen Fahrzeugpflege. In diesem Bereich ist in den vergangenen Jahren ein regelrechter Boom entstanden – und die Nachfrage nach Produkten sowie Dienstleistungen in diesem Segment steigt stetig. Neben dem Werterhalt ist dabei auch die Tatsache von Bedeutung, dass Fahrzeuglacke aufgrund von strengen Umweltbestimmungen immer empfindlicher werden. Abgesehen davon macht Autopflege natürlich Spaß, ist kommunikativ und für einige sogar ein sinnlich-meditatives Erlebnis. Es gibt also viele Gründe, weshalb jeder etwas Zeit in die Pflege seines Fahrzeuges investieren sollte.

Die Industrie hat längst auf die Nachfrage reagiert: So gibt es mittlerweile unzählige Hersteller, Produkte, Variationen und Möglichkeiten, um sein Auto zu pflegen. Angesichts eines schier unendlichen Angebots an Lackpolituren, Felgenreinigern & Co., gepaart mit immer neuen Versprechungen hinsichtlich der Eigenschaften und wohlklingenden Superlativen in Angaben zu Standzeiten verliert manch ein Anwender den Überblick. Hinzu kommt, dass viele altbekannte Mittel und Methoden heute gänzlich überholt sind und keine optimalen Ergebnisse bringen – ganz im Gegenteil. Immer neuartigere Materialien sowohl im Außenbereich als auch im Innenraum haben die Anforderungen an Reinigungs- und Pflegemittel so drastisch verändert, dass manche altmodische Methoden sogar eher Schäden verursachen anstatt diese zu verhindern.

Unter Berücksichtigung dieser Veränderungen findet Ihr in diesem Buch fundiertes Fachwissen und detaillierte Anleitungen zur idealen Autopflege. Viele Beispiele und Tipps aus unserer alltäglichen Praxis sollen Euch dabei helfen, die für Eure Bedürfnisse und Ansprüche richtigen Produkte und Arbeitsmethoden zu finden.

Wir gehen in diesem Buch auf die grundsätzlichen Fragen, Probleme und Techniken ein, um Neu- und Gebrauchtfahrzeugen zu einem besseren Erscheinungsbild zu verhelfen. So kann aus einem vernachlässigten, in die Jahre gekommenen Fahrzeug mit den richtigen Autopflegemitteln und Vorgehensweisen ein perfektes Show-Car werden. Besitzer von Neufahrzeugen können sich auf hilfreiche Anleitungen und Tipps freuen, die dafür sorgen, dass ihr Auto jahrelang gut aussieht und einen entsprechenden Werterhalt erfährt.

Bei dem Aufbau unseres Buches haben wir darauf geachtet, Anfänger und fortgeschrittene Enthusiasten gleichermaßen abzuholen. So werden neben dem Einstieg in die Autopflege auch anspruchsvolle Themen wie Lack-Coatings, Toppings oder Poliertechniken beleuchtet und ausführlich erklärt. Der Aspekt des Umweltschutzes ist dabei ebenso ein Thema, wie das Klarstellen von ewigen Mythen und Fehlern.

Zur Unterstützung findet Ihr auf den Seiten neben den Arbeitsanweisungen QR-Codes, die auf viele hilfreiche 83metoo-Videos verlinken. Hier werden die richtigen Arbeitsschritte nochmal ausführlich gezeigt und erklärt.

Bevor es jetzt aber endlich losgeht, hier noch eine Anmerkung, um allen Missverständnissen vorzubeugen: Es gibt nicht die eine, vollkommene Art der Autopflege, genauso wenig, wie es das einzig wahre Produkt gibt, das alles andere in den Schatten stellt. Aber die hier vorgestellten Methoden und Arbeitsschritte haben sich aus unserer Sicht absolut bewährt und ermöglichen jedem Anwender ein perfektes Ergebnis. Und da auch uns der Anspruch antreibt, immer besser werden zu wollen, freuen wir uns auf reges Feedback von Euch. Schreibt uns gerne Eure Kritik und Anregungen unter Autopflegebuch@83metoo.de.

In diesem Sinne wünschen wir Euch viel Spaß bei Eurer Autopflege und glänzende Ergebnisse!

Oliver Haas & Martin Mainka, November 2018

Einleitung – Gründe für die Autopflege: Warum jeder etwas für den Werterhalt seines Fahrzeuges tun sollte

Für viele Autobesitzer ist ihr fahrbarer Untersatz nur ein Fortbewegungsmittel, um mehr oder weniger schnell von A nach B zu gelangen. Wenn man sich aber vergegenwärtigt, dass jeder in Deutschland zugelassene Pkw jährlich durchschnittlich mehr als 15.000 Kilometer fährt, bedeutet das auch, dass man sehr viel Zeit in und mit dem Fahrzeug verbringt. Ein gepflegter Lack und ein sauberer Innenraum tragen dabei erheblich zum persönlichen Wohlbefinden bei und sorgen so tagtäglich für ein angenehmes Fahrerlebnis – vom Werterhalt einmal ganz abgesehen.

Die Handwäsche ist die favorisierte Methode, um ein Auto möglichst schonend und gründlich von Schmutz zu befreien.

Moderne Waschanlagen bieten verlockend günstige Paketangebote für die Autopflege, aber für den Lack bedeutet eine solche Behandlung zumeist nichts Gutes.

Selbstwaschen macht Spaß: Zahlreiche SB-Boxen erlauben das Verwenden mitgebrachter Waschutensilien.

In vielen Lappen, die bei den Waschstraßenanlagen zum Einsatz kommen, setzt sich der Schmutz fest und es können Kratzer im Lack entstehen.

Die rotierenden Bürsten sind verantwortlich für die so genannten Swirls, kreisrunde, spinnennetzartige Schleifspuren auf der Lackoberfläche.

Jetzt könnte man natürlich sagen: „Warum muss für die Autopflege ein Buch geschrieben werden, ich kann doch auch einfach mit meinem Auto in die Waschanlage fahren." Wir sind der festen Überzeugung, dass das nicht die richtige Entscheidung ist, wenn es darum geht, sein Fahrzeug schonend zu reinigen. Und die Praxis gibt uns da absolut recht: Auch wenn die Technik der vollautomatischen Waschanlagen in den letzten Jahrzehnten moderner geworden ist, so kann das Waschergebnis in der Regel nicht mit den von den Anlagenbetreibern gemachten Versprechen einer schonenden Autowäsche mithalten. Durch die verwendeten Lappen, die im schlimmsten Fall auch noch die Verschmutzungen des Vordermanns in ihren Fasern beherbergen, werden unweigerlich Kratzer – so genannte Swirls – auf dem Lack erzeugt. Augenscheinlich ist das Auto nach dem Besuch in der Waschanlage zwar sauber, jedoch hat der Lack durch diese sehr unvorteilhafte Behandlung zahlreiche Beschädigungen erfahren. Meistens gönnt der Waschstraßenkunde seinem Auto bei dieser Prozedur dann auch noch eine Runde Heißwachs zum Abschluss, wodurch diese Kratzer gefüllt und optisch kaschiert werden. Im hinteren Teil des Buches werden wir sehen, wie wir einem so beanspruchten Lack seinen ursprünglichen Glanz mit Hilfe einer Poliermaschine zurückgeben können.

Absolutes No-Go in der SB-Waschbox: Die hier angeschlossenen Waschbürsten sind nicht geeignet, um empfindliche Lackoberflächen zu reinigen. Kratzer sind hier so gut wie sicher.

Für eine schonende Autowäsche bleibt also nur die Handwäsche in einer SB-Waschbox. Allerdings muss man auch hier einige Regeln befolgen, sonst kann das Ergebnis eher enttäuschen. Grundregel 1 lautet: NIEMALS die dort angebotenen Waschbürsten benutzen! Diese Bürsten sind in der Regel so verdreckt, dass die Behandlung des Lacks eher einer Schleiforgie gleichkommt und die Gefahr von tiefen, bis auf die Grundierung gehenden Kratzern viel zu groß ist. Da schützen auch die seit relativ kurzer Zeit angebotenen, in ihrer Anwendung allerdings sehr unpraktischen Schutzbezüge für Waschbürsten nur wenig.

Ein weiterer wichtiger Aspekt ist die richtige Anwendung des Hochdruckreinigers: Der Abstand des Sprühstrahls von der Lackoberfläche darf nicht zu gering sein, da ansonsten der Lack des Fahrzeuges beschädigt werden kann.

Bevor wir aber jetzt zur Waschbox fahren, möchten wir Euch zunächst mit Hilfe des „Detailing Flow Chart" Step-by-Step an die richtige Autopflege heranführen. Das Detailing Flow Chart bietet eine strukturierte, einfache Übersicht von jedem Prozess, der erforderlich ist, um Dein Fahrzeug wieder in neuem Glanz erstrahlen zu lassen.

Der erste Schritt auf dem Weg zum perfekten Look beginnt mit einer Analyse des Ist-Zustands: In welchem Zustand befindet sich der Lack? Und was will ich erreichen? Die erste Frage ist relativ einfach zu beantworten, schließlich kann man ausgehend vom makellosen Auslieferungszustand als Bestzustand gut beurteilen, wie beansprucht bzw. verschlissen der Lack ist, ob viele oder wenige Kratzer im Lack sind und wie der allgemeine Zustand des Fahrzeugs ist.

Bei der Fragestellung nach dem gewünschten Ziel muss jeder selbst entscheiden, mit welchen Mitteln und welchem Budget gearbeitet werden soll.

Schauen wir uns dazu nun das Detailing Flow Chart an: Je nach Lackzustand sind mehr oder auch weniger Polierarbeiten erforderlich, um den Lack auf die anstehende Konservierung vorzubereiten. Wie aus dem Diagramm ersichtlich, muss spätestens jetzt die Entscheidung getroffen werden zwischen einer relativ teuren Versiegelung bzw. einem Coating mit einer Standzeit von bis zu 36 Monaten (je nach Produkt) oder einem Wachs, das zwar preisgünstiger ist und sich einfacher verarbeiten lässt, aber in der Praxis nur bis zu 12 Monate eine schützende Schicht gewährleistet. Eine detaillierte Betrachtung der Vor- und Nachteile von Wachsen und Versiegelungen und deren Funktionsweisen steht auch in Kapitel 5.

Das Schöne am Arbeiten nach dem Detailing Flow Chart ist der Effekt, dass jeder sehr schnell und zielgerichtet ein sehr gutes Ergebnis erreichen kann. Natürlich gehören auch die richtigen Pflegeprodukte und ein vernünftiges Equipment dazu. Auf diese wichtigen Themenbereiche werden wir im Laufe des Buches natürlich noch einmal genauer eingehen.

Das Detailing Flow Chart ist eine sehr gute Anleitung für die perfekte Autopflege: Beginnend mit einer gründlichen Handwäsche, entscheidet der Zustand des Lacks über das weitere Vorgehen.

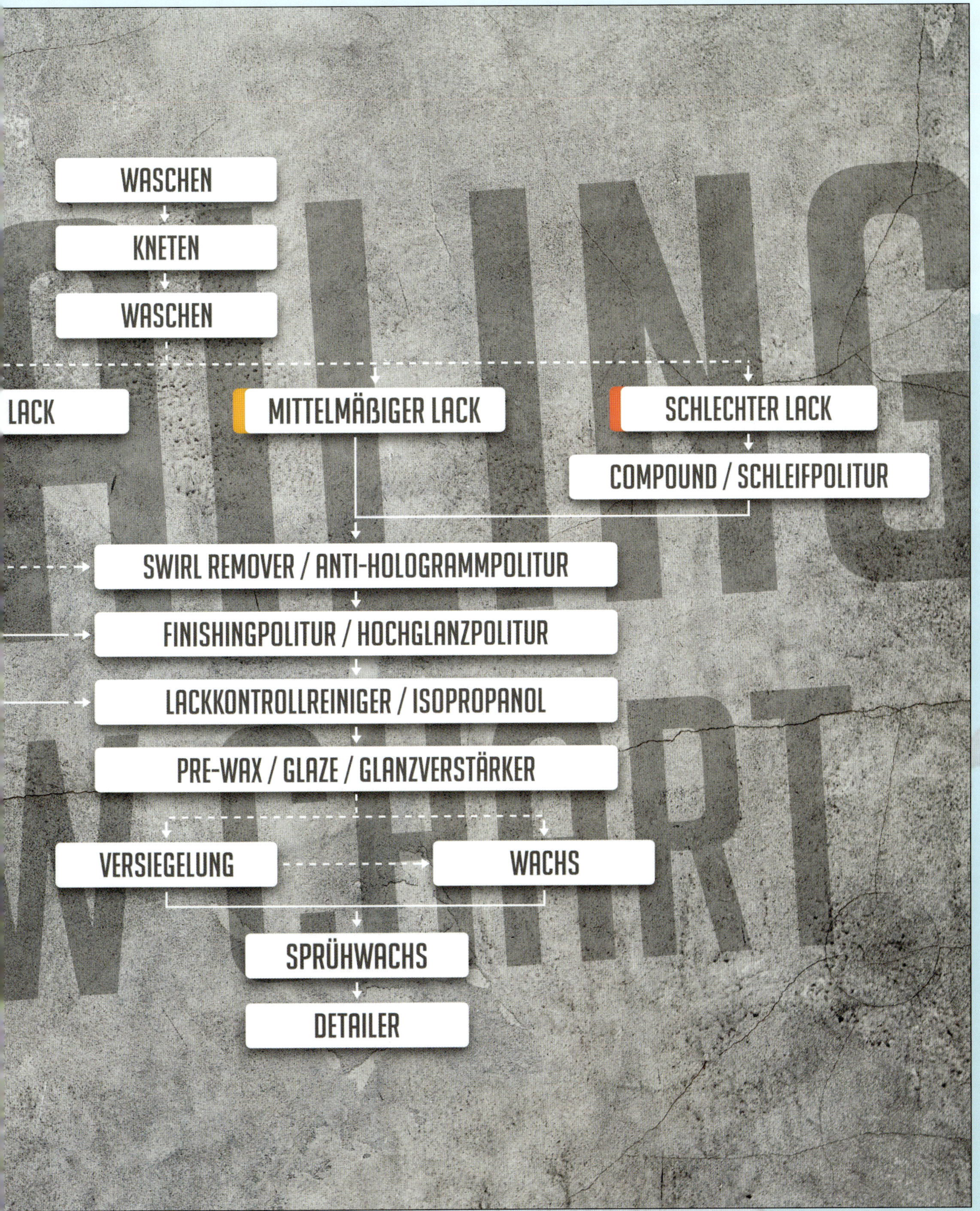
WASCHEN
KNETEN
WASCHEN
LACK
MITTELMÄßIGER LACK
SCHLECHTER LACK
COMPOUND / SCHLEIFPOLITUR
SWIRL REMOVER / ANTI-HOLOGRAMMPOLITUR
FINISHINGPOLITUR / HOCHGLANZPOLITUR
LACKKONTROLLREINIGER / ISOPROPANOL
PRE-WAX / GLAZE / GLANZVERSTÄRKER
VERSIEGELUNG
WACHS
SPRÜHWACHS
DETAILER

IN 4 STEPS ZUM ULTIMATIVEN HOCHGLANZ

1

In 4 Steps zum ultimativen Hochglanz

Eine gründliche Handwäsche schafft die Basis für alle weiteren Pflegeschritte.

So kommt der Glanz zurück: Eine Politur entfernt unterschiedlich starke Kratzer, beseitigt Schleier, Swirls und Hologramme.

Step 1: Die richtige Wäsche

Grundvoraussetzung für ein hochglänzendes Fahrzeug ist die schonende Handwäsche mit einem guten Autoshampoo. Diese Produkte sind speziell für moderne Lacke entwickelt worden, sind häufig pH-neutral und greifen deshalb vorhandene Schutzschichten nicht an. Darüber hinaus beinhalten viele Autoshampoos heutzutage Zusätze, die für ein besseres Gleitverhalten von Waschhandschuhen sorgen, den Glanz verstärken oder sogar eine Schutzschicht auf den Lack auftragen.

Step 2: Lackaufbereitung

Im Anschluss an das Waschen erfolgt die eigentliche Lackreinigung. Nachdem grobe Verschmutzungen von der Oberfläche entfernt wurden, betrachten wir nun die hartnäckigen Schmutzpartikel und Lackdefekte wie Vogelkot, Insektenreste, Industriestaub oder Straßenabrieb.

„Mein Auto hat den Glanz verloren", ist eine der häufigsten Aussagen, die wir zu hören bekommen. Feine Hologramme und Kratzer sind der Grund für ein stumpfes Erscheinungsbild von Lackoberflächen.

Fühlt sich der Lack rau an und glänzt das Auto nicht mehr wie am ersten Tag? Dann haben Verschmutzungen und Kratzer dem Klarlack zugesetzt. Abhilfe schafft hier Lackreinigungsknete; ein wahres Wundermittel, das in den 1970er Jahre von Japan aus seinen Weg nach Deutschland fand und auch in vielen anderen industriellen Bereichen angewendet wird, um schnell festsitzende Verunreinigungen schonend zu beseitigen.

Spezielle Lackreiniger haben einen geringen Schleifanteil und beseitigen kleine Lackschäden sowie Verschmutzungen, die sich im Klarlack festgesetzt haben. Das Ergebnis ist ein unglaublicher Hochglanz und Tiefeneffekt, sodass das Fahrzeug wirkt, als sei es frisch lackiert.

Bei stärkeren Beschädigungen und tiefen Kratzern kommt man um eine Politur des Fahrzeugs nicht herum. Die Defekte werden mit einer Poliermaschine mechanisch beseitigt, sodass die Oberfläche wieder nahezu 100 % fehlerfrei ist und sich im neuwertigen Erscheinungsbild präsentiert. Das Ziel jeder Politur ist das bestmögliche Ergebniss bei einem gleichzeitig so geringen Lackabtrag wie möglich bzw. nötig. Im Verlauf des Kapitels 4 beschreiben wir diese anspruchsvolle Arbeit noch einmal ganz detailliert, sodass selbst unerfahrene Besitzer ihrem Fahrzeuglack wieder zu neuem Glanz verhelfen können, ohne Gefahr zu laufen, weitere Beschädigungen zu verursachen. Sogar Fahrzeuge, die viele Jahre lang vernachlässigt wurden, erscheinen nach einer sorgfältigen Lackpolitur wieder wie neu und verzeichnen einen entsprechenden Wertzuwachs.

Step 3: Schützen & versiegeln

Nach dem Erreichen einer makellosen Oberfläche ist es das Ziel, diesen Lackzustand möglichst lange zu bewahren und zu schützen. Autowachs und Versiegelungen sowie Coatings übernehmen diese Aufgabe und gewährleisten einen zuverlässigen Schutz vor allen möglichen Schmutzpartikeln und Witterungseinflüssen, denen der Lack täglich ausgesetzt ist. Für einen dauerhaften Schutz sollte das Fahrzeug zwei- bis dreimal pro Jahr behandelt werden. Die Wahl des richtigen Produktes hängt von den jeweiligen Anforderungen und Gegebenheiten ab:

Fahrer von Oldtimern sollten möglichst natürliche Wachse verwenden, da alte Lackierungen besonders schonend behandelt werden sollten und selten viele Kilometer oder schlechtes Wetter erfahren.

Bei Fahrzeugen mit einer jährlichen Fahrleistung bis ca. 20.000 Kilometer haben wir in der Regel die Wahl zwischen Wachs oder Versiegelung. Preislich können da die Wachsprodukte punkten, allerdings muss die Schicht mehrmals im Jahr aufgefrischt werden.

Bei einer jährlichen Fahrleistung von ca. 30.000 Kilometern oder gar mehr ist eher ein möglichst langanhaltender und stärkerer Schutz erforderlich. Für ein solches Anforderungsprofil hat die Industrie in den letzten Jahren die so genannten Coatings entwickelt. Dieser Lackschutz basiert auf SiO_2 (Siliziumdioxid) und ist nach dem Aushärten härter als die ursprüngliche Klarlack-Schicht. Das Ergebnis ist ein effektiver Schutz, der bis zu mehrere Jahre hält und sich regelrecht als zweite Haut über den Lack legt.

Step 4: Regelmäßige Autopflege

Die regelmäßige Autopflege gewährleistet einen Langzeitschutz und verhindert, dass sich Kontaminationen und Verunreinigungen wie Insektenreste oder Baumharz mit der Lackoberfläche verbinden können. Regelmäßige Pflege sorgt auch dafür, dass aufgetragene Wachsschichten oder Versiegelungen das Maximum an Standzeit erreichen.

Dank einer regelmäßigen Pflege müssen wir weniger Zeit und Geld aufwenden, um den Wagen wieder sauber zu bekommen: Der Erfolg ist ein permanent besseres Erscheinungsbild unseres Fahrzeugs. Teure Aufbereitungen in professionellen Betrieben lassen sich mit Hilfe dieses Buches zum Großteil vermeiden – auch wenn es mal Probleme geben kann, die man besser erfahrenen Profis überlässt.

Das Erfolgsrezept für ein strahlend glänzendes Fahrzeug ist die richtige Kombination der entsprechenden Pflegeprodukte und deren Anwendung. In den folgenden Kapiteln gehen wir auf die richtige Technik bei der Fahrzeugpflege ein und zeigen Euch, wie Ihr mit zeitgemäßen und idealen Vorgehensweisen mehr Freude am Auto haben werdet.

Regelmäßige Pflege sorgt dafür, dass der Wagen seinen Glanz lange Zeit behält.

AUSSENREINIGUNG

2
V8

Außenreinigung

In den folgenden Kapiteln geht es um alles, was wir über das Reinigen und Pflegen des Außenbereichs unseres Fahrzeuges wissen müssen: Angefangen bei der kompletten Handwäsche des Autos, über das Polieren des Autolacks bis hin zum richtigen Lackschutz findet Ihr hier die richtigen Techniken und Tricks für eine glänzende Optik.

Fahrzeugwäsche

Die Fahrzeugwäsche ist das A und O bei der Autopflege. Grundsätzlich gibt es drei verschiedene Verfahren, die auch drei unterschiedliche Ansätze verfolgen.

Bei der allgemein bekannten **Waschanlage** sorgen rotierende Bürsten und Lappen sowie scharfe Reiniger für ein oberflächlich akzeptables Ergebnis. Für den Lack stellt diese Behandlung allerdings freilich eher eine Tortur dar, mit entsprechenden Folgen für die Lackoberfläche (siehe auch Schadensbilder Seite 60/61).

Eine in Deutschland weniger verbreitete Waschmethode ist die **„Wasserlose Wäsche"** (Trockenwäsche und Wäsche ohne fließendes Wasser, eng.: Rinseless Wash), wie sie häufig in den USA praktiziert wird. Aus Gründen der Wasserknappheit – speziell in Kalifornien – und Gesetzen gegen Wasserverschwendung musste nach Alternativen zur altbewährten Waschmethode gesucht werden. Hierbei wird nur sehr wenig Wasser verwendet und eine gänzlich andere Vorgehensweise bei der Wäsche gewählt. Beim Waschen des Fahrzeugs ohne Wasser gibt es wieder einmal verschiedene Methoden, die zum Ziel führen – jeder muss auch hier die für ihn am besten passende Variante finden.

Tipp:
Wen diese Technik nicht interessiert, der kann die nächsten Absätze überspringen und direkt bei der Handwäsche (ab Seite 26) weiterlesen.

Waterless Wash Method

Da offensichtlich ein Bedarf besteht, greifen einige Hersteller diesen Trend natürlich auf und haben Produkte zur wasserlosen Wäsche entwickelt. Generell eignen sich Detailer schon sehr gut für diese Art der Autopflege, jedoch sind nicht alle Produkte mit so

Für die Wasserlose Wäsche benötigen wir langflorige Mikrofasertücher (MFT) ...

... und ein spezielles Waterless-Wash-Spray.

Das Produkt wird großzügig auf der Lackoberfläche verteilt. Es löst die Schmutzpartikel und umschließt sie.

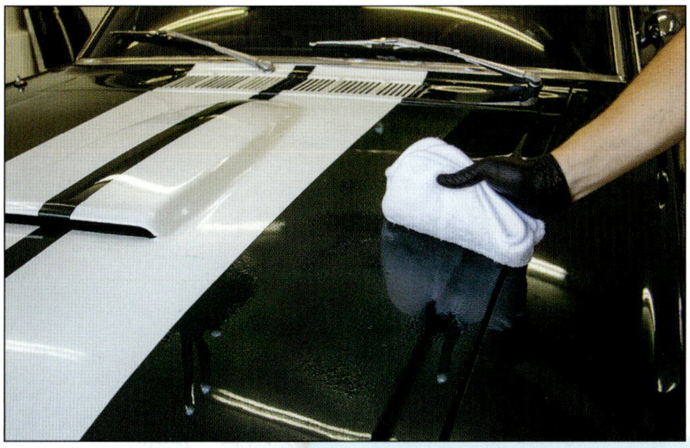

Mit einem frischen Mikrofasertuch wird das Produkt mitsamt den darin gebundenen Verschmutzungen in drehenden Bewegungen abgenommen.

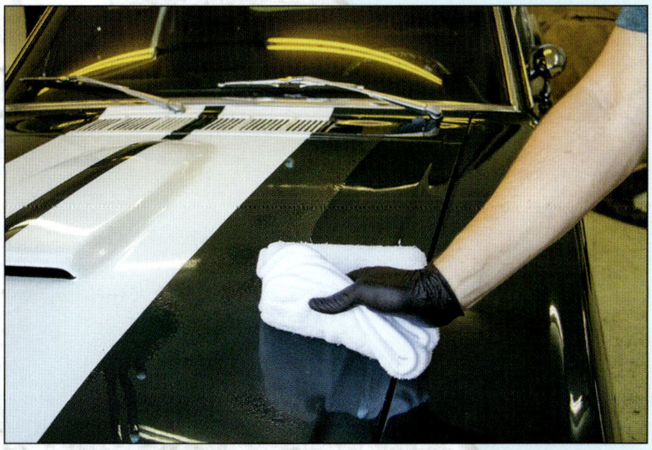

Wenn eine Seite des Tuchs verschmutzt ist, wird eine neue, saubere Seite verwendet.

Dabei wird immer in geraden Bahnen gearbeitet.

guten Gleiteigenschaften ausgestattet, wie das für diesen Zweck erforderlich ist. Daher empfehlen wir hier die speziellen Waterless-Wash-Produkte.

Anders als bei einem Detailer wird das Waterless-Wash-Produkt sehr großzügig auf den Lack gesprüht, damit wir jeglichen Schmutz auf der Oberfläche einkapseln und binden. Ziel muss es sein, dass der Schmutz beim Abnehmen keine Kratzer im Lack verursacht.

Im nächsten Schritt – und dies ist auch wiederum anders als beim Detailer – wird das Produkt nicht einfach verteilt und abgewischt, sondern mit mehreren Mikrofasertüchern in rollender Bewegung vom Lack abgenommen. Für diesen Arbeitsschritt falten wir uns ein langfloriges und weiches Mikrofasertuch so, dass wir 4 Teile übereinander liegen haben, und gleiten mit dem Tuch dann sanft über den Lack. Hierbei auf eine „rollende" Bewegung achten: Wir beginnen damit, das Tuch mit der flachen Hand über den Lack zu bewegen und richten die Hand im Laufe der zu bearbeitenden Bahn dann langsam auf, so dass wir die gesamte Fläche des Tuches für die Reinigung verwenden. Auf keinen Fall darf eine schmutzige Stelle des Tuches auf den Lack kommen. Wenn die eine Seite des Tuches schmutzig ist, wird es so gefaltet, dass eine frische, saubere Seite oben ist.

Diese Steps wiederholen wir mit einigen Mikrofasertüchern an den restlichen Stellen des Lacks.

Garry Dean Wash Method

Vor ein paar Jahren hat die US-amerikanische Car-Detailing-Legende Garry Dean dann noch die „Garry Dean Wash Method" entwickelt und im Netz etabliert. Im Gegensatz zu der oben beschriebenen Variante wird hier nicht gänzlich auf Wasser verzichtet, aber auf fließendes Wasser – daher wird seine Methode auch als „No Rinse" bezeichnet.

Die Methode sieht so aus, dass wir einen Wascheimer mit Wasser und dem No Rinse Shampoo befüllen. Danach legen wir alle benötigten Mikrofasertücher zum Einweichen in den Eimer. Nun wird zusätzlich etwas No Rinse Shampoo mit einer Sprühflasche auf den Lack aufgetragen, damit der Schmutz gründlich angelöst wird.

Anschließend nehmen wir uns ein durchnässtes Tuch aus dem Eimer und falten es uns so, dass wir 4 Lagen übereinander haben – so liegt es optimal in der Hand und ist nicht zu dick. Mit dem nassen Tuch können wir nun den Lack vorsichtig und sanft reinigen, indem wir es wie bei der wasserlosen Reinigung mit einer rollenden Bewegung über den Lack führen.

Danach nehmen wir ein zweites langfloriges Mikrofasertuch aus dem Eimer und wringen es so aus, dass es noch handfeucht ist. Mit diesem Tuch reinigen wir den zuvor gesäuberten Bereich des Fahrzeuges erneut.

Im letzten Schritt nehmen wir mit einem trockenen Tuch die restliche Feuchtigkeit vorsichtig vom Lack ab.

Auf diese Weise können wir nun das restliche Fahrzeug reinigen.

Hinweis:

Für diese Methode benötigen wir einen Wascheimer, viele langflorige Mikrofasertücher (je nach Fahrzeuggröße 10 bis 20 Stück), Mikrofasertücher zum Abtrocknen des Lacks, No Rinse Shampoo und eine Sprühflasche.

Hier haben wir die Vor- und Nachteile der „Waterless Wash Method" und der „Garry Dean Wash Method" nochmal zusammengefasst:

Waterless Wash Method

Vorteil	Nachteil
Es werden lediglich ein Waterless-Wash Produkt und Tücher benötigt	Für eine gesamte Wäsche sind viele Tücher nötig
Wasserersparnis	Nicht anwendbar für stark verschmutzte Fahrzeuge
Zeitersparnis	Kratzer-Risiko höher als beim üblichen Waschen mit zwei Eimern

Garry Dean Wash Method

Vorteil	Nachteil
Es werden lediglich ein Eimer und Tücher benötigt	Für eine gesamte Wäsche sind sehr viele Tücher nötig
Wasserersparnis	Nicht anwendbar für stark verschmutzte Fahrzeuge
Zeitersparnis	Kratzer-Risiko höher als beim üblichen Waschen mit zwei Eimern

Waschen in der SB-Waschbox

Wir wollen uns hier aber in erster Linie mit der **Handwäsche** beschäftigen: Diese Methode ist unser Favorit, denn sie ist lackschonend und deutlich gründlicher als andere Herangehensweisen.

Der für eine Handwäsche geeignetste Ort ist meist eine SB-Waschbox. Hier werden in der Regel die Auflagen für den Umweltschutz erfüllt. Wenn man zum ersten Mal bei einer SB-Anlage vorbeischaut, sollte man sich zunächst einmal orientieren. Zahlreiche SB-Waschboxen erlauben das Verwenden mitgebrachter Produkte und auch die Handwäsche. Dabei ist aber auch selbstverständlich, dass auf das Waschen in Stoßzeiten lieber verzichtet werden sollte, damit sich nicht lange Warteschlagen bilden. Unter dem Link https://www.83metoo.de/waschparks findet Ihr eine Übersichtskarte von Waschboxen, wo das Mitbringen von eigenen Produkten und die Handwäsche erlaubt sind.

Tipp:

Wenn Ihr auch eine solche SB-Anlage kennt, schreibt uns eine E-Mail, damit wir die Übersichtskarte erweitern können.

Moderne Anlagen bieten sogar den Service des Geldwechsels, andere arbeiten mit Chips, die man an einem Automaten wechseln muss. Ältere Anlagen, wie sie vermehrt im Umland zu finden sind, arbeiten in der Regel noch mit Münzeinwurf und ohne Wechselmöglichkeit. Darum sollte man hier immer mit ausreichend Kleingeld (50-Cent- und 1-Euro-Münzen) zum Waschplatz fahren. Zu einer schonenden Handwäsche gehört nun einmal reichlich Wasser und da wäre es nicht hilfreich, wenn man nach dem Einschäumen feststellt, dass alle Münzen aufgebraucht sind.

Rechts: Moderne SB-Anlagen bieten mit hellen und geräumigen Waschboxen ein angenehmes Ambiente zum Autowaschen. Bei dieser Waschanlage gibt es sogar einen Mikrofasertuch-Automaten.

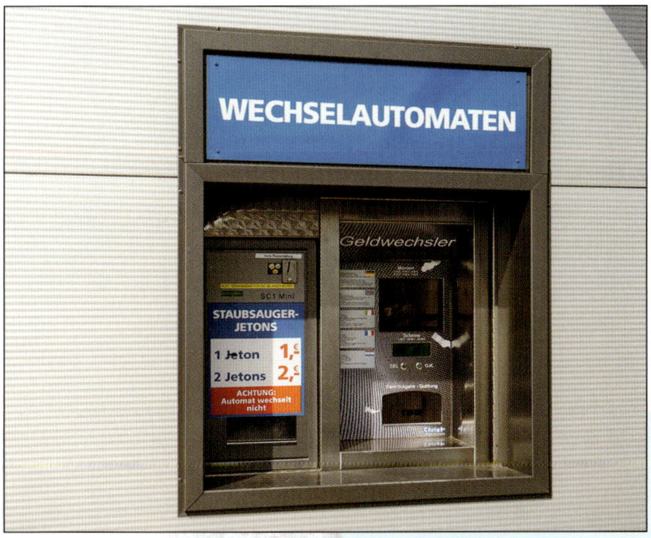

Ein Wechselautomat hilft bei Kleingeldengpass.

Bei aller Freude beim Autowaschen sollten wir aber auch daran denken, dass eine gewisse Rücksichtnahme – wie generell im Leben – auch das Miteinander an der Waschbox erleichtert. So sollte das Auto stets außerhalb der Box abgetrocknet werden, damit der nächste sein Fahrzeug waschen kann. Zu einem korrekten Verhalten gehört auch, den eigenen Müll (z. B. Schutzhandschuhe, alte Lappen, Abfall aus dem Innenraum) zu entsorgen und nicht einfach rumliegen zu lassen. Auf einem sauberen Waschplatz macht die Autowäsche schließlich deutlich mehr Spaß.

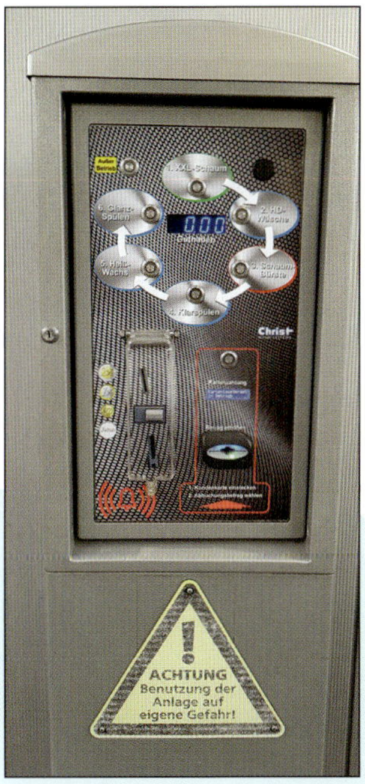

Links: Von den Möglichkeiten, die eine SB-Box bietet, sind für die Handwäsche nur die Optionen „XXL-Schaum" (sofern ein sanftes, ph-neutrales Shampoo in der Anlage verwendet wird) und „Klarspülen" interessant.

Unten: Der auf diesem Ablaufplan vorgesehene Schritt „Waschbürste" sollte auf jeden Fall außer Acht gelassen werden: So eine Waschbürste ist die beste Möglichkeit, sich den Lack zu verkratzen!

Wichtig für die stressfreie Autowäsche: Die Regeln beachten. In vielen Fällen kann ein Gespräch mit dem Anlagenbetreiber hilfreich sein, wenn es zum Beispiel um mitgebrachte Wasch- und Pflegemittel geht.

Noch kurz ein Wort zum Thema „Autowaschen auf dem eigenen Grundstück": Jeder, der sein Fahrzeug auf seinem Grundstück oder vor der Haustüre waschen möchte, sollte sich auf jeden Fall vorher bei der zuständigen Stadtverwaltung über die aktuell gültigen Vorschriften informieren (siehe auch Kapitel 14)! Da es hier keine bundesweit einheitliche Regelung gibt – zum Teil werden in Städten für jede Straße eigene Genehmigungen zum Autowaschen erteilt –, beschränken wir uns hier auf das Waschen in einer SB-Box.

Und damit legen wir jetzt mal los ...

Schritt für Schritt – die perfekte Handwäsche

Für die richtige Autopflege beginnen wir mit der lackschonenden Handwäsche. Die Handwäsche ist aus verschiedenen Gründen deutlich besser für den Autolack als zum Beispiel eine Waschanlage, bei der verhärtete Bürsten oder verdreckte Textilbänder den Lack verkratzen können. Bei der Handwäsche hingegen „streicheln" wir förmlich den Lack und waschen den Schmutz möglichst sanft runter.

(1) Bevor wir mit der Handwäsche loslegen, erfolgt eine Bestandsaufnahme: Bei diesem BMW 3er Touring (F31) handelt es sich um ein „Daily Driver-Fahrzeug".

(2) Auf dem Lack finden sich die typischen Verunreinigungen, wie Staub, eingetrocknete Wassertropfen von der Scheibenwaschanlage und Verunreinigungen von Bäumen.

(3) Am vorderen Stoßfänger sind die typischen Insekteneinschläge zu finden, ...

(4) ... ebenso auf den Scheinwerfern und Lufteinlässen,

(5) ... und natürlich zeigen sich auf den Seitenspiegeln Spuren von zügigen Autobahnfahrten.

(6) Fingerabdrücke und Schmutzränder „zieren" die B-Säulen.

(7) An den Seitenschwellern sieht man Laufspuren aus den Wasserablauflöchern der Türen.

(8) Am hinteren Radlauf und im Radkasten sind die typischen Verschmutzungen zu erkennen.

(9) In den Einstiegsbereichen sammeln sich gerne Spritzwasser und Schmutz.

(10) Die Vorderradfelgen weisen sehr viel Bremsenabrieb auf, ...

(11) ... der hoffentlich nicht zu fest eingebrannt ist.

(12) Egal, ob Kombi- oder Limousinen-Ausführung: Die verwirbelnde Luft am Fahrzeugheck sorgt für starke Verschmutzungen, ...

(13) ... so natürlich auch an der Ladekante.

(14) Die Ablaufrinnen rund um die Heckklappe – bei den Limousinen-Ausführungen natürlich der Kofferraumdeckel – sind eine beliebte „Schmutzfalle".

Bei der von uns beschriebenen Handwäsche widmen wir uns nicht nur dem Schmutz auf dem Lack, sondern auch dem Reinigen der Felgen und dem Entfernen von Insekten, egal ob vom Lack, den Scheinwerfern oder den Scheiben des Fahrzeuges.

Die optimale Vorgehensweise sieht wie folgt aus:

1. Schritt – Felgenreinigung

(1) Bei der Felgenreinigung kommt zunächst ein möglichst sanfter (pH-neutraler) Reiniger zum Einsatz.

(2) Nach kurzer Einwirkzeit reagiert ein Wirkindikator im Reiniger und zeigt an, dass der Felgenreiniger abgesprüht werden kann.

(3) Das Ergebnis ist in diesem Fall sehr gut. Bei hartnäckigen Verschmutzungen muss mit einem Pinsel oder einer Felgenbürste nachgearbeitet werden (siehe Kapitel 7).

Als Erstes beginnen wir damit, den Felgenreiniger auf die Felgen zu sprühen, so dass dieser den festen und ggf. eingebrannten Bremsstaub lösen kann. Je nach Felgenreiniger beträgt die Einwirkzeit 2 bis 4 Minuten (Anleitung auf der Flasche beachten). Für normale Verschmutzungen genügt ein pH-neutraler Reiniger, bei hartnäckigem Schmutz kann auch ein kraftvollerer (alkalisch/basisch) Reiniger mit einem hohen bzw. niedrigen (leicht sauren) pH-Wert verwendet werden. Im Hinblick auf den Felgenlack empfiehlt sich generell ein möglichst schonender Reiniger.

2. Schritt – Insektenentfernung

Besonders in der warmen Jahreszeit sammeln sich gerne Insektenreste auf der Frontstoßstange, den Seitenspiegeln, der Windschutzscheibe oder auch der Motorhaube. Hier kommt ein Insektenentferner zum Einsatz (z. B. Koch Chemie Insect & Dirt Remover oder Dr. Wack Insektenentferner).

Mit diesem Reiniger behandeln wir die mit Insekten behafteten Bereiche des Fahrzeuges. Je nach Produkt muss dieses 2 bis 5 Minuten einwirken, das Eiweiß der Insekten wird gelöst und dann können die Reste mit dem Hochdruckreiniger meist problemlos abgesprüht werden.

(1) Lästige „Andenken" sind Zeugen einer zügigen Fahrweise.

(2) Das Produkt wird nicht zu sparsam aufgebracht (Bild 3). Nicht nur konzentriert auf eine Stelle halten, sondern mit einer Schwenkbewegung einen möglichst großen Bereich einsprühen.

(3) Ein guter Insektenreiniger weist eine gelartige Konsistenz auf. Dünnflüssige Reiniger laufen zu schnell ab und können unter Umständen nicht perfekt wirken.

(4) Nach einer Einwirkzeit von ein paar Minuten (abhängig vom Produkt, siehe jeweilige Anwendungshinweise auf dem Etikett) …

(5) … kann der Reiniger mit klarem Wasser abgewaschen werden.

Tipp:

Bei eingebrannten Insektenresten, die sich nicht durch Waschen entfernen lassen, kann eine milde Reinigungsknete verwendet werden. In ganz schweren Fällen ist eine leichte Politur hilfreich.

Wenn keine toten Insekten auf dem Lack sind, können wir diesen Schritt hier natürlich überspringen.

3. Schritt – Einschäumen

Während Felgen- und Insektenreiniger einwirken, können wir uns um die so genannte Vorwäsche kümmern. Bei der Vorwäsche arbeiten wir mit einem Schaumsprüher (z. B. Gloria FoamMaster FM10 oder Kwazar Venus Super Foamer). Mit einem solchen Drucksprühgerät wird das Fahrzeug eingeschäumt.

(Fortsetzung auf Seite 36)

(1) Jetzt erfolgt das Anmischen der Schaumsprüher-Füllung: Auf 1 Liter Wasser …

(2) … geben wir in diesem Fall ca. 25 ml Gentle Snow Foam. Bei anderen Produkten und anderen Wasserhärten kann die Zusammensetzung variieren.

(3) Dann wird mit der Handpumpe Druck aufgebaut. Das Sicherheitsventil öffnet, wenn der Arbeitsdruck von ca. 3 bar erreicht ist. Damit verbunden ist das Entweichen kleiner Luftbläschen.

(4) Im ersten Schritt der Vorwäsche können wir jetzt den Wagen satt mit dem Schaum einsprühen. Wenn die Mischung und der Druck des Schaumsprühers stimmen, präseniert sich ein tolles dichtes Schaumbild. Im unteren Fahrzeugbereich kann aufgrund der höheren Verschmutzung der Schaum etwas dicker aufgetragen werden.

(5) Zwischendurch wird immer wieder nachgepumpt, um ein schönes Sprühbild zu gewährleisten.

(6) Wem der Handbetrieb zu mühsam ist, kann den Schaumsprüher – auf eigene Verantwortung – mit einer elektrischen Pumpe versehen.

(7) Alternativ zum Schaumsprüher kann auch der Schaum in der SB-Box verwendet werden – …

(8) … vorausgesetzt, man weiß welches Produkt der Anlagenbetreiber einsetzt.

(9) Bei dieser Anlage kommt ein pH-neutrales Shampoo aus der Sprühlanze.

(10) Für eine effektive Vorreinigung reichlich Schaum einsetzen! Aber aufpassen: Zu viel Schaum ist auch nicht hilfreich. Eine zu dicke Schaumschicht kann nämlich den Schmutz nicht gut lösen und „nach unten abtragen".

(11) Optimale Schaumparty: Der aufgebrachte Schaum hat genau die richtige Konsistenz, um den Schmutz wirkungsvoll anzulösen und zu umschließen, ...

(12) ... um ihn dann abtransportieren zu können.

(13) Viel Schaum hilft, dass auch wirklich alle Ecken des Fahrzeugs erreicht werden.

(14) Ein perfektes Schaumbild! Bei Einsatz eines Schaumsprühers muss anfangs etwas experimentiert werden, bis individuell die richtige Mischung gefunden ist – die Wasserhärte ist hier einer der bestimmenden Faktoren.

(15) Nach einer Einwirkzeit von mehreren Minuten kann das Fahrzeug am Dach beginnend mit klarem Wasser abgesprüht werden.

(16) Auch hier gilt: Gründlich vorgehen, um vor der Handwäsche möglichst viele oberflächliche Verunreinigungen zu entfernen.

(17) Bei einigen modernen Fahrzeugen ist es hilfreich, die Seitenspiegel einzuklappen, damit sich hier das Wasser gar nicht erst sammelt, sondern direkt wieder rausläuft.

(18) Sowohl die Radläufe als auch die Radkästen verdienen bei der Vorwäsche besondere Aufmerksamkeit.

Der Schaum weicht groben Schmutz auf und löst diesen, so dass er mit dem Hochdruckreiniger leichter entfernt werden kann. Generell können wir auch den Schaum aus der SB-Waschanlage benutzen. Besonders moderne Waschanlagen bieten einen sehr dichten, gut wirkenden pH-neutralen Schaum. Wenn aber nicht klar ist, welcher Schaum aus der Düse kommt, sollte man lieber auf selbst mitgebrachte Produkte vertrauen.

Wir nehmen uns also den Schaumsprüher und mischen hier 1 Liter Wasser mit ca. 25 ml Gentle Snow Foam von Koch Chemie. Alternativ können selbstverständlich auch andere Schaumprodukte verwendet werden; eine bewährte Mischung auf 1 Liter Wasser besteht beispielsweise aus 15 ml ValetPRO Snow Foam mit einem Schuss eines Autoshampoos.

Der Schaumsprüher wird danach leicht geschüttelt, damit sich die Flüssigkeiten vermischen, und wir pumpen den Schaumsprüher so lange, bis er den benötigten Druck aufbaut hat. Ein Überdruckventil signalisiert, wann der Arbeitsdruck erreicht ist und das Einschäumen beginnen kann.

Tipp:
Wer keine Lust hat, ständig per Hand nachzupumpen, kann den Schaumsprüher auf den Betrieb mit einer Elektropumpe umrüsten.

4. Schritt – Abdampfen

Nachdem der Schaum ein paar Minuten einwirken konnte, wird das gesamte Fahrzeug, natürlich mitsamt den Felgen, mit dem Hochdruckreiniger abgesprüht. Hierbei ist es wichtig, dass wir mit der Lanze des Hochdruckreinigers nicht zu dicht an den Lack kommen, um Beschädigungen zu vermeiden. Wir beginnen beim Absprühen immer am obersten Teil des Fahrzeuges, also dem Dach, und arbeiten uns dann weiter nach unten vor.

Bei den Bereichen am Fahrzeug, die tendenziell stärker verschmutzt sind – also Schweller, unterer Teil der Türen, Radkästen und das Heck – achten wir besonders darauf, den Schmutz sehr gründlich zu entfernen.

Die Felgen sprühen wir intensiv mit dem Hochdruckreiniger ab und versuchen alle Ecken und Kanten der Felge zu erreichen. Auch können wir mit dem Hochdruckreiniger etwas in das Felgenbett und auf den Bremssattel sprühen, um den dort sitzenden Bremsstaub zu lösen.

Achtung:
Die Lanze niemals direkt auf den Reifen halten!

5. Schritt – Handwäsche

Nun folgt endlich die lang ersehnte Handwäsche. Bei diesem Arbeitsschritt müssen wir ein paar Dinge beachten, um möglichst keine Kratzer in den Lack zu bringen.

(1) Der Waschwasser-Eimer (weiß) wird mit einem Grit Guard (alternativ: Cyclone Dirt Trap) bestückt; in den Schmutzwasser-Eimer (schwarz) kommt ein Grit Guard Washboard.

(2) Optisch gut zu unterscheiden: Der Waschhandschuh für die obere Fahrzeughälfte hat ein weißes Bündchen, das Gegenstück für die untere Hälfte ist am schwarzen Bündchen zu erkennen.

(3) Zuerst werden die Eimer mit Wasser gefüllt. Der Waschhandschuh verhindert lästiges Wasserspritzen und sorgt so für ein schnelles Befüllen.

(4/5) Nach der Zugabe des Shampoos wird das Waschwasser kurz aufgeschäumt. Ein guter Waschhandschuh kann sehr viel Shampoo-Wasser aufnehmen.

So brauchen wir auf jeden Fall 2 Wascheimer: einen für das Waschwasser und einen, in dem wir den Waschhandschuh zwischendurch auswaschen können. Beide Eimer sollten mit einem so genannten Grit-Guard-Sieb ausgestattet sein. Diese Einsätze dienen dazu, die Schmutzpartikel im unteren Teil des Eimers zu halten. So wird verhindert, dass der Schmutz wieder in den Waschhandschuh gelangt, mit dem wir ja über den Lack gleiten.

Wir befüllen uns also diese beiden Wascheimer mit klarem Wasser. In einen der beiden Eimer geben wir etwas Shampoo hinzu und schäumen das Wasser mit der Lanze des Hochdruckreinigers auf. Dann nehmen wir uns einen Waschhandschuh und tauchen ihn in den Wascheimer mit Shampoo-Wasser ein. Wieder beginnend an der höchsten Stelle des Fahrzeuges, reinigen wir den Lack, indem wir den Waschhandschuh in geraden Linien von links nach rechts bewegen. Kreisende Bewegungen werden heutzutage bei der Handwäsche nicht mehr angewendet, einfach um die Gefahr von Swirls zu reduzieren.

Nachdem wir einen Teilbereich auf diese Weise gereinigt haben, tauchen wir den Waschhandschuh in den Eimer mit dem klaren Wasser. Indem wir ihn sanft über das Grit-Guard-Sieb am Boden des Eimers (bzw. das Waschboard) streifen, wird der Schmutz aus dem Handschuh gelöst und sammelt sich unterhalb des Siebes. Nun wringen wir den Handschuh neben beiden Eimern aus und holen uns neues Shampoo-Wasser aus dem anderen Eimer. Weiter geht es dann mit der nächsten Stelle des Fahrzeuges.

Auf diese Weise waschen wir zuerst die gesamte obere Hälfte des Fahrzeuges. Die untere Hälfte – also z. B. ab der unteren Hälfte der Türen sowie die Front- und Heckstoßstange – folgt dann anschließend. Der Grund dafür ist einfach: Im unteren Bereich des Fahrzeuges befinden sich in der Regel mehr und auch hartnäckigere Verschmutzungen, die natürlich von unserem Waschhandschuh aufgenommen werden und eben nicht auf die nur leicht verschmutzten Bereiche (Dach, Motorhaube etc.) gelangen sollen und dort Kratzer verursachen könnten.

Also nehmen wir einen zweiten Waschhandschuh, der ausschließlich am unteren Teil des Fahrzeugs zum Einsatz kommt. Alternativ kann man auch mit nur einem Waschhandschuh arbeiten, der dann aber sehr gründlich über dem Grit Guard ausgewaschen werden muss. Generell sollte man immer darauf achten, ob sich nach dem Auswaschen nicht doch noch eventuell Schmutzpartikel im Waschhandschuh verfangen haben.

Beim Waschen der unteren Fahrzeughälfte sind die Türschweller ein besonders kritischer Bereich: Sie sind häufig stark verschmutzt und so bleiben auch gerne einmal größere Verschmutzungen im Waschhandschuh zurück. Hier muss unbedingt darauf geachtet werden, dass nach dem Auswaschen alle Verschmutzungen aus dem Handschuh gelöst wurden.

(6) Ausgangspunkt für die Handwäsche ist der Dachbereich, dann widmen wir uns der Fahrzeugfront und den Seitenbereichen, den Abschluss bildet der Heckbereich.

(7) Wichtig: Immer in geraden Linien über den Lack fahren. Stets darauf achten, dass viel Waschwasser für optimales Gleiten sorgt.

(8) Für eine schonende Handwäsche ist nur sanfter Druck erforderlich.

(9) Den Handschuh zwischendurch regelmäßig gründlich auswaschen und über dem Washboard abstreifen, ...

(10) ... um die Verschmutzungen aus den Fasern zu lösen – zur besseren Veranschaulichung ist hier das Washboard neben dem Eimer gezeigt. Handschuh neben dem Wascheimer auswringen.

(11) Mit einem Handschuh waschen wir die obere Hälfte des Fahrzeugs, ...

(12) ... der andere Handschuh (schwarzes Bündchen) ist für die untere, meist schmutzigere Seite vorgesehen.

(13) Trotz gründlicher Vorwäsche sind Radläufe und Schweller die Stellen, an denen der meiste Schmutz sitzt.

(14) Die großen und schweren Schmutzpartikel setzen sich unter dem Grit Guard am Boden des Eimers ab.

Tipp:
Gerne vergessen wird der Tankeinfüllbereich. Da hier eher selten große Lackflächen anzutreffen sind, sondern meist nur Kunststoffteile, kann man als letzten Arbeitsschritt mit dem Waschhandschuh für den unteren Fahrzeugbereich (mit viel Shampoo-Wasser getränkt) diesen Bereich säubern. Das gilt aber nur für den Fall, dass hier lediglich wenige Verschmutzungen vorhanden sind. Für die größeren Ablagerungen vor dem Waschen ein wenig APC (All Purpose Cleaner) auf einen Pinsel geben und das Tankklappen-Abteil vorreinigen.

6. Schritt – Abdampfen

Nachdem wir die Handwäsche nun erledigt haben, können wir das Fahrzeug erneut mit dem Hochdruckreiniger abdampfen und die Schaumreste des Autoshampoos vom Lack entfernen. Auch jetzt sprühen wir das Fahrzeug natürlich wieder von oben beginnend nach unten hin ab.

Nach der Handwäsche folgt das gründliche Absprühen mit klarem Wasser.

Besondere Gründlichkeit ist an verwinkelten Bereichen gefragt: Hier sammeln sich gerne Schaumreste, die auf jeden Fall abgespült werden sollten, da sie sonst nach dem Abtrocknen unschöne Laufspuren verursachen.

Gerne vernachlässigt: der Tankeinfüllbereich – auch hier sammelt sich Restschaum. Allerdings erweist sich der Platz hinter der Tankklappe auch als eine perfekte Schmutzfalle, die regelmäßig gesäubert werden sollte.

7. Schritt – Trocknen

Sofern das Fahrzeug in einer Waschbox gewaschen wurde, ist nun der Moment, den Wagen herauszufahren, damit der Nächste zum Waschen in die Box fahren kann. Denn nun kommen wir zum Abtrocknen des Fahrzeuges und hierzu müssen wir die Box nicht unnötig blockieren.

Wir nehmen uns 1 bis 2 Trockentücher und können das Fahrzeug damit komplett streifenfrei abtrocknen. Empfehlenswert ist hier ein hochwertiges Trockentuch (siehe auch Kapitel 13). Dieses falten wir uns und legen es anschließend auf den Lack; mit wenig Druck ziehen wir es in geraden Linien über den

(1) Mit einem mehrfach gefalteten, saugfähigen Trockentuch nehmen wir nun das restliche Wasser auf. Wichtig: Nur leichten Druck ausüben!

(2) Natürlich kann das Trockentuch auch ausgebreitet werden und vollflächig über große Karosseriebereiche wie die Dachpartie gezogen werden.

(3) Beim Ausklappen der Spiegel wird noch etwas Restwasser auslaufen.

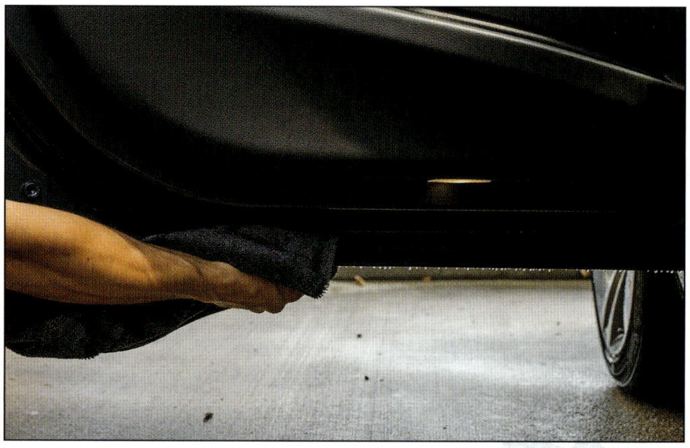

(4) Nicht vergessen: An den Unterkanten der Türen und des Kofferaumdeckels bzw. der Heckklappe sammeln sich ebenfalls Wassertropfen, die entfernt werden sollten.

(5) Feinarbeiten: Unter den Scheinwerfern und den Rückleuchten sitzende Wassertropfen werden mit einem kleinen Mikrofasertuch aufgenommen. Ansonsten laufen diese Wasserreste beim ersten Losfahren über das frisch gewaschene Auto.

(6) Restliche Wassertropfen im Tankeinfüllbereich, ...

(7) ... an den Türeinstiegen ...

(8) ... und an den Türsäulen werden abgewischt.

Lack, um diesen abzutrocknen. Sollte der Lack danach noch nicht ganz trocken sein, wiederholen wir den Vorgang. Geringfügige Schlierenbildung können wir vernachlässigen, denn die Streifen verfliegen meist nach ein paar Sekunden von selbst. Je nach Wetter können diese Schlieren mehr oder weniger auftreten und auch je nach Witterungsverhältnis kann es kürzer oder länger dauern, bis sie verschwunden sind. So dauert es bei kaltem oder feuchtem Wetter länger, im Sommer hingegen geht es natürlich schneller.

(9) Auch der Bereich um den Gepäckraum wird gründlich abgetrocknet.

(10) Anschließend öffnen wir die Motorhaube und entsorgen Blätter und andere Verunreinigungen.

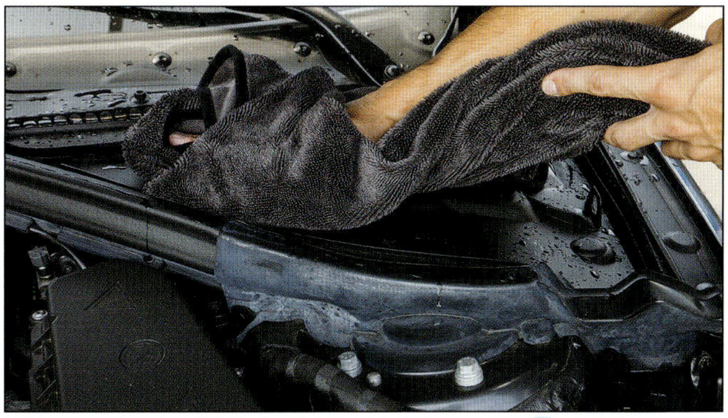

(11) Dann werden Wasserreste von den Kunststoffverkleidungen und den Motorhaubenkanten abgenommen.

(12) In den Schraubenlöchern der Felgen sammelt sich ebenfalls Wasser, das mit einem kleinen Mikrofastertuch beseitigt wird.

(13) Nicht nur die Felge erstrahlt, auch der Bremssattel sieht wieder aus wie neu.

(14) Alle Insektenreste sind vollständig entfernt.

(15) Nach der Wäsche ist auch der richtige Zeitpunkt, den Lack auf Beschädigungen (Kratzer, Steinschläge) zu kontrollieren.

(16) „Show if off": Im wahrsten Sinne des Wortes ein glänzendes Ergebnis.

(17) Ein gut gepflegtes Auto sorgt für noch mehr Fahrfreude.

Tipp:

Beim Abtrocknen des unteren Bereiches des Fahrzeuges müssen wir darauf achten, dass das Tuch nicht auf den Boden kommt – deshalb das Tuch immer sorgfältig falten!

Nachdem wir den gesamten Außenbereich des Autos getrocknet haben, können wir uns um die nicht direkt sichtbaren Bereiche kümmern. Dazu klappen wir den Tankdeckel auf und nehmen hier alle vorhandenen Wassertropfen mit einem zweiten Trockentuch auf. Dafür eignet sich optimal ein dünneres Mikrofasertuch, mit dem diese kleinen und engen Stellen einfach zu erreichen sind. Anschließend öffnen wir alle Türen, den Kofferraum und die Motorhaube des Fahrzeuges – auch hier befindet sich noch Feuchtigkeit, die wir aufnehmen müssen. So sind natürlich die Türscharniere nass, ebenso wie die Einstiegsleisten, aber auch die Motorhaube, der innere Bereich der Kotflügel und natürlich der Kofferraumdeckel und der seitliche Teil des Kofferraums. Mit dem Mikrofasertuch lassen sich die restlichen Wassertropfen problemlos und schnell aufnehmen.

Mit einem weiteren Trockentuch können wir nun abschließend noch die Felgen von Wasserresten befreien. Machen wir das nicht, wird das Wasser während der Fahrt durch die Fliehkräfte nach oben auf den Lack geschleudert und wir müssen uns nach der ersten Fahrt nochmals um diese Stellen kümmern …

Nach diesen 7 Schritten sind wir mit der gesamten Außenwäsche des Autos fertig. Abhängig von dem Verschmutzungsgrad und der Jahreszeit bedürfen aber einige Bereiche wie Unterboden, Motorraum oder Felgen und Reifen in regelmäßigen Abständen einer Sonderbehandlung. Um welche Bereiche und Arbeiten es dabei geht, zeigen wir Euch im Folgenden noch einmal detaillierter.

Sporadische Pflegemaßnahmen

Bei der Autopflege gibt es Arbeiten, die nicht bei jeder Wäsche erledigt werden müssen: Wir zeigen hier die Bereiche, denen man sich je nach Verschmutzung und Jahreszeit in regelmäßigen Abständen widmen sollte.

Flugrost entfernen

Die Problematik Flugrost betrifft so ziemlich jedes Fahrzeug, egal welche Farbe die Lackierung hat. Allerdings sieht man diese Art der Verschmutzung auf hellen Lacken besonders deutlich. Und solange der Flugrost schnell entfernt wird, bleibt diese Anhaftung auch folgenlos. Wenn aber dieser auf der Lackoberfläche aufliegende Rostansatz erst einmal anfängt zu „blühen" und zu wachsen, dann besteht Gefahr für den Lack und die Karosserie.

Flugrost ist das Ergebnis einer Oxidation, daran sind u. a. Metallteilchen und Luftsauerstoff beteiligt. Die Metallteilchen stammen beispielsweise von Bremsenabrieb und Industrieanlagen, in denen Metall verarbeitet wird. Wer häufig in der Nähe von Bahnschienen und Bahnübergängen (Abrieb Oberleitungen, Bremsenabrieb) unterwegs ist, wird auch häufiger Flugrost auf seinem Auto finden. Im Winter fördert zudem Streusalz den Korrosionsprozess.

Besonders auf weißen Fahrzeugen sind die Spuren von Flugrost (z. B. Bremsenabrieb) gut zu erkennen. Darum sollte in regelmäßigen Abständen …

… ein Flugrostentferner aufgetragen werden: Produkt aufsprühen …

Die am häufigsten betroffenen Stellen am Fahrzeug sind die Schweller, Heckklappe, Türen sowie Kotflügel.

Wie wird Flugrost nun am besten und schonendsten vom Lack entfernt? Dazu arbeiten wir im ersten Schritt mit einem Flugrostentferner. Hier bietet der Markt zahlreiche Produkte: Die besten Entfer-

... und einwirken lassen (je nach Produkt einige Minuten). Der Wirkindikator zeigt an, ...

... wann das Fahrzeug – gründlich – abgesprüht werden kann.

ner (z. B.: Koch Chemie Rrr Reactive Rust Remover, Dr. Wack - A1 Flugrost-Entferner Gel, Gyeon Iron) sind stark viskos, also gelförmig – sie können so möglichst lange auf den Flugrost einwirken und ihn lösen.

Die Anwendung des Flugrostentferners ist denkbar einfach: Das gereinigte Fahrzeug sprühen wir großzügig mit dem Produkt ein und lassen den Entferner für ein paar Minuten einwirken. In den meisten Fällen sehen wir nun dank eines Wirkindikators eine Reaktion in Form von rötlichen Verfärbungen.

Nun nehmen wir den Hochdruckreiniger und sprühen den Flugrostentferner vom Fahrzeug herunter. Wenn noch Flugrost vorhanden ist, können wir den Vorgang erneut durchführen. In ganz hartnäckigen Fällen müssen wir den Lack kneten. Tipps zum richtigen Umgang und Arbeiten mit Reinigungsknete haben wir in Kapitel 3 zusammengestellt.

Sollten wir auch nach der Behandlung mit Lackknete noch Flugrost auf dem Lack haben, bleibt nur noch die Möglichkeit, den Lack zu polieren (siehe hierzu Kapitel 4). Dafür reicht aber eine Feinschleifpolitur völlig aus.

Unterbodenwäsche

Die Unterbodenbereiche des Autos müssen besonders nach dem Winter gründlich von Streusalzresten befreit werden. Ansonsten droht die Gefahr, dass die Karosserie, Aufhängungsteile und weitere Teile des Unterbodens angegriffen werden und korrodieren.

Eine Reinigung der betroffenen Bereiche kann problemlos mit dem Hochdruckreiniger in der Waschbox durchgeführt werden. Die Angst vor zu viel Wasserdruck, der das Salz in die Ecken presst, ist unserer Meinung nach unbegründet. Bei einem starken Regenschauer oder bei zügiger Fahrt auf nasser Autobahn erzeugen die Luftströmungen unter dem Fahrzeug einen stärkeren Wasserdruck auf den Unterbodenbereich als der Hochdruckreiniger. In der Praxis hat sich bewährt, die Lanze des Hochdruckreinigers so tief wie möglich neben das Fahrzeug zu halten, um den Unterbodenbereich abzusprühen. Dabei gehen wir nach dieser Reihenfolge vor:

1. Radkästen reinigen

Wir beginnen mit der Reinigung der Radkästen. Hier ist es ratsam, diese Bereiche zuvor mit etwas Snow Foam aus dem Schaumsprüher oder – sofern pH-neutral – aus der SB-Anlage vorzubehandeln. Anschließend werden die Radkästen vorsichtig mit dem Hochdruckreiniger ausgesprüht.

2. Seitenschweller reinigen

An den Seitenschwellern sammelt sich ebenfalls viel Schmutz und vor allem natürlich Salzreste. Diese Bereiche sprühen wir von außen sowie von unten mit dem Hochdruckreiniger ab, damit vorhandene Verunreinigungen gelöst und entfernt werden.

Besonders im Herbst und Winter sollten die Radkästen ausgiebig gereinigt werden. Auf ausreichend Abstand des Wasserstrahls achten. Bei tiefergelegten Fahrzeugen die Lenkung einschlagen für besseren Zugang.

3. Unterboden reinigen

Im nächsten Schritt kümmern wir uns um den Unterboden, den wir nun langsam und gezielt mit dem Hochdruckreiniger absprühen.

Nicht bei jeder Wäsche erforderlich: In regelmäßigen Abständen sollte auch mal das Absprühen des Fahrzeugunterbodens Bestandteil einer kompletten Autowäsche sein.

4. Vorderen und hinteren Stoßfänger von unten reinigen

Selbstverständlich setzen sich Salz und Schmutz auch unterhalb der vorderen und hinteren Stoßfänger fest. Hier ist das Vorgehen dasselbe wie bei den Seitenschwellern und dem Unterboden. Achtung: Bei im unteren Frontbereich eingebauten Kühlern (meist für Getriebeöl und/oder Klimaanlage) sollte man auf einen ausreichenden Abstand der Lanze achten und den Wasserstrahl nicht direkt in die Kühler halten!

5. Tipp für hartnäckige Verschmutzungen

Sollten im Radkasten oder an anderen Stellen weitere hartnäckige Verschmutzungen die eben beschriebene Prozedur unbeeindruckt überstanden haben, kann etwas leicht verdünnter APC helfen, der großzügig auf die betroffenen Stellen aufgesprüht wird. Nach ausreichender Einwirkzeit kommt wieder der Hochdruckreiniger zum Einsatz, um den Bereich erneut abzusprühen und den gelösten Schmutz abfließen zu lassen.

Motorraumpflege

Selbstverständlich müssen wir uns auch um jene Bereiche des Autos kümmern, die nicht direkt mit bloßem Auge zu sehen sind. Dazu gehört zum Beispiel der Motorraum, der aber leider oft stark vernachlässigt wird – obwohl es bei jeder Autowäsche ein Leichtes ist, die Haube zu öffnen, um schnell Baumblätter und andere Verschmutzungen zu entfernen. Sehen wir uns diese Problemzone nun einmal genau an:

Wenn wir bei der Bestandsaufnahme feststellen, dass der Motorraum stark verschmutzt ist, müssen wir hier etwas tun.

Hinweis:
Bevor man nun die Motorhaube öffnet und voller Tatendrang die Sprühlanze auf den Motor richtet, bitte bedenken, dass in den meisten SB-Anlagen aufgrund behördlicher Auflagen die Motorwäsche nicht erlaubt ist.

Mit unserer hier vorgestellten Methode brauchen wir uns in der Regel keine Gedanken um rechtliche Aspekte zu machen. Uns genügt für diesen Step ein APC (All Purpose Cleaner = Allzweckreiniger) in einer Sprühflasche sowie ein Pinsel, um sehr gut und effektiv den Schmutz im Motorraum zu beseitigen.

Bevor wir aber mit der Reinigung beginnen, kontrollieren wir, dass ungeschützte Kabel, Stecker oder andere Anschlüsse nicht mit Spritzern des Reinigers in Kontakt kommen können. Das gilt auch für eine Batterie, die keine Abdeckungen an den Batteriepolen hat. Zum Abdecken eignen sich alte Mikrofasertücher sowie Frischhaltefolie und -beutel. Diese Maßnahmen mögen übertrieben erscheinen, da wir ja nicht mit hohen (Wasch-)Drücken arbeiten wie sie bei einer Behandlung mit einem Hochdruckreiniger entstehen. Aber angesichts der komplexen Fahrzeugelektronik bei moderneren Autos gehen wir hier einfach auf Nummer sicher.

Anschließend sprühen wir mit dem besagten APC – verdünnt mit Wasser im Verhältnis 1:10 – den Motorraum vorsichtig ein und schäumen den Reiniger mit einem weichen, chemikalienfesten Pinsel auf. Hierbei sollten wir schnell sehen, dass sich die Farbe des Reinigers verdunkelt; dies kommt durch den gelösten Schmutz.

Nachdem wir den Reiniger nun einige Minuten haben einwirken lassen, können wir ihn danach mit mehreren leicht feuchten Mikrofasertüchern abnehmen. Der Motorraum sollte nun sauber sein.

Tipp:
Bei leichten Verschmutzungen kann man sich auch etwas APC direkt auf ein Mikrofasertuch sprühen und die betroffenen Partien damit abwischen.

Achtung:
Der APC muss rechtzeitig abgenommen werden und darf niemals eintrocknen!

Im nächsten Schritt nehmen wir etwas Kunststoffpflegemittel und tragen es mit einem Applicator Pad auf die Kunststoffteile auf. Optional kann natürlich auch eine passende Versiegelung verwendet werden, um so die Bauteile vor weiterer Verschmutzung zu schützen.

Nachdem wir mit den beschriebenen Schritten nun also einen gepflegten Zustand des Motorraums erreicht haben, sollten wir natürlich dafür sorgen, dass dies auch so bleibt – was uns an den Anfang dieses Kapitels bringt: Nach der Handwäsche sollte man sich angewöhnen, die Haube zu öffnen, eingedrungenes Wasser und Blätter zu entfernen und sofern erforderlich die Oberflächen mit etwas Kunststoffpflege oder einem Detailer aufzufrischen.

(1) Obwohl moderne Motoren mit großflächigen Kunststoffverkleidungen versehen sind, gibt es genügend Ecken und Kanten, in denen sich Spritz- und Waschwasser sowie Staub und Dreck sammeln.

(2) Ein All Pupose Cleaner (APC) wird im Verhältnis 1:10 mit Wasser verdünnt. Hier eignet sich zum Beispiel der Green Star von Koch Chemie – ein echtes Allzweckmittel bei der Autopflege.

(3) Mit einem weichen Pinsel wird der Reiniger aufgeschäumt und dabei bis in alle Ecken verteilt.

(4) Mit dieser Methode der Motorwäsche ist man rechtlich auf der sicheren Seite, und technisch wird kein elektronisches Bauteil durch zu viel Wassereinsatz gefährdet.
Nachdem der APC einwirken konnte, wird der Schmutz mitsamt Reiniger ...

(5) ... mit feuchten Mikrofasertüchern abgenommen. Für diese Aufgabe eigenen sich besonders alte Tücher, die für die Anwendung auf dem Lack nicht mehr zu gebrauchen sind.
Besondere Aufmerksamkeit sollte dem vorderen, meist sehr verdreckten Teil der Motorhaubeninnenseite gewidmet werden.

(6) Nachdem der gesamte Bereich abgetrocknet ist, werden alle Kunststoffteile mit einem Pflegemittel behandelt.

(7) Mit einem weichen Applicator Pad wird der Kunststoffpfleger dünn aufgetragen. Diese Behandlung sorgt nicht nur für eine aufgefrischte Optik, sondern wirkt auch der Neuverschmutzung entgegen.

(8) Mindestens 2 Mal im Jahr sollte der Motorraum gründlich gereinigt werden, damit sich der Schmutz nicht festsetzen kann. In einem sauberen Motorraum können Anzeichen von austretender Flüssigkeit oder auch verräterische Marderspuren besser erkannt werden.

PORENTIEFE LACKREINIGUNG – RICHTIG ARBEITEN MIT REINIGUNGSKNETE

3

Porentiefe Lackreinigung – Richtig arbeiten mit Reinigungsknete

Bevor wir den Polierdurchgang starten, müssen wir sicherstellen, dass der Lack wirklich frei ist von allen Verunreinigungen. Um den Lack absolut perfekt zu reinigen und von allen Schmutzpartikeln und Oxidationen zu befreien, die wir über die gründliche Handwäsche nicht entfernen konnten, verwenden wir die Lackreinigungsknete. Der Trend, den Autolack mit Lackknete wirklich porentief zu reinigen, stammt aus den USA und findet auch in Deutschland und Europa immer mehr begeisterte Anhänger, denn nur mit dieser Methode können wir den Lack wirklich wieder perfekt glatt und sauber bekommen.

Um hartnäckige Verschmutzungen möglichst sanft von der Lackoberfläche zu entfernen, benötigen wir ein gutes Gleitmittel und eine mittelstarke Reinigungsknete sowie ein Mikrofasertuch. Auch Scheiben lassen sich mit Knete hervorragend reinigen.

Um die Glätte des Lacks einschätzen zu können, streicht man mit den Fingerspitzen zügig und ohne viel Druck ein paar kurze Bahnen über den Lack. In der Regel entsteht ein schleifendes Geräusch, verursacht durch die Rückstände auf dem Lack. Nach der Behandlung mit der Knete gleiten die Finger geräuschlos über die Oberfläche.

Je nach Grad der Verunreinigung gibt es die Auswahl zwischen unterschiedlichen Produkten, die anhand ihrer Farbe klassifiziert werden: So ist die „Blaue" eine milde Knete für leichte bis mittlere Verschmutzung; die „Rote" wird als starke Knete für hartnäckigere Verschmutzungen wie eingebrannte Insektenreste auf der Motorhaube oder der Stoßstange, Teerflecken, Reifenabrieb oder Baumharz eingesetzt. Für die meisten Fahrzeuge ist die blaue Knete aber absolut ausreichend. Übrigens eignet sich die Knete auch hervorragend zum Reinigen von Scheinwerfern, Scheiben und Felgen.

Achtung:
Beim Einsatz von Lackreinigungsknete muss immer ein entsprechendes Gleitmittel verwendet werden! Niemals ohne dieses Gleitmittel mit der Knete über den Lack gehen – sonst entstehen starke Kratzer!

Tipp:
Als Gleitmittel kann ein speziell dafür hergestelltes Produkt (z. B. Gyeon Q²M Clay Lube, Koch Chemie Cls oder Auto Finesse Glide Clay Lube) oder ein Detailer verwendet werden. Alternativ kann man auch Wasser mit etwas Shampoo mischen. Hierbei ist es wichtig, dass wir kein Shampoo mit Wachs oder Versiegelungsanteilen verwenden, sondern ein pH-neutrales Produkt ohne Zusätze.

Wir nehmen also die Knete aus der Verpackung (meist 100 Gramm), teilen sie in 2 gleichgroße Stücke und nutzen eines der beiden; das andere legen wir in die Box zurück. Für die weitere Verarbeitung ziehen wir uns Einweg-Schutzhandschuhe an. Nun formen wir die Knete zu einer Kugel und anschließend zu einer flachen Scheibe mit einem Durchmesser von ca. 4 bis 5 cm. Anschließend sprühen wir die Knete sowie einen überschaubaren Bereich des Lacks (ca. 60x60 cm) mit unserem Gleitmittel großzügig ein. Apropos „großzügig" – das ist der einzige Anwendungsbereich bei der Autopflege, für den gilt: Viel hilft viel!

Dann legen wir die Knete, gehalten von drei Fingern der flachen Hand, auf den Lack und arbeiten langsam in kurzen horizontalen und vertikalen Bewegungen über die Flächen. Ganz wichtig dabei ist, dass wir keinen Druck ausüben, sondern die Knete über den jeweiligen Bereich nur gleitet.

(1) Damit auf dem Lack nicht unnötig Kratzer entstehen, wird beim Abkneten ein Gleitmittel eingesetzt.

(2) Das Gleitmittel wird sehr großzügig auf der zu behandelnden Stelle aufgetragen. Merke: Viel hilft viel – zumindest in diesem Fall.

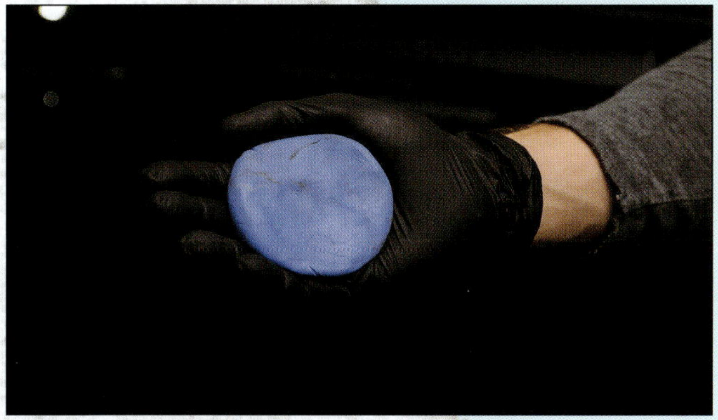

(3) Wir formen aus einem Stück Knete zunächst eine Kugel und drücken sie dann zu einer Scheibe zusammen.

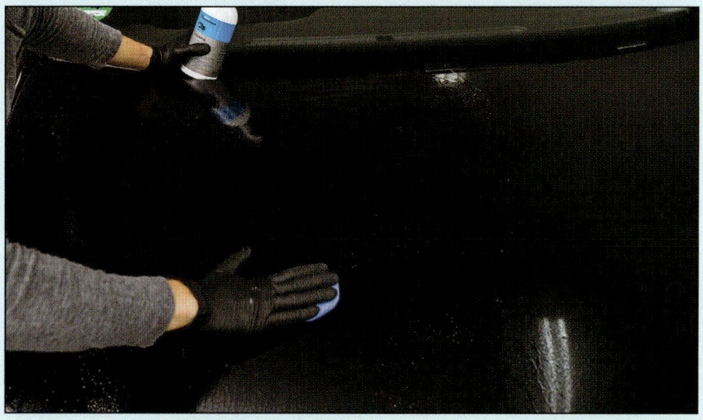

(4) In geraden Bahnen und – ganz wichtig – ohne viel Druck gleiten wir mit der Knete über den Lack.

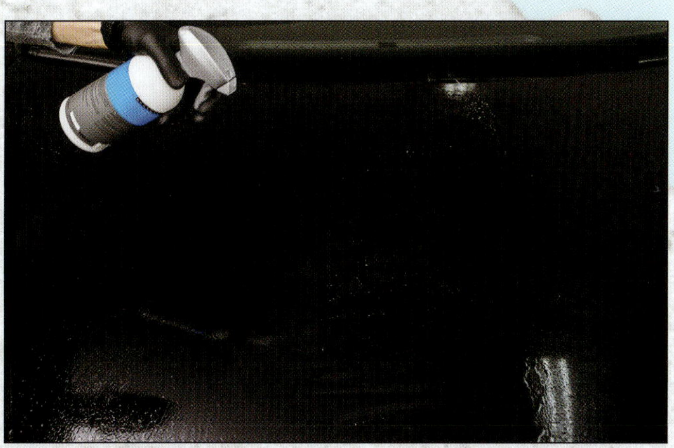

(5) Die Fläche immer wieder mit reichlich Gleitmittel besprühen.

(6) Die Knete darf niemals auf trockene Lackbereiche kommen. Auf den Boden gefallene Knete sofort entsorgen.

Achtung:
Keine kreisenden Bewegungen ausführen! Sollten nämlich trotz gründlicher Vorreinigung beim Abkneten doch Kratzer entstehen, lassen sich horizontale und vertikale Beschädigungen später besser wegpolieren als kreisförmige Kratzer.

Während der Lackbearbeitung müssen wir permanent Gleitmittel auf die Fläche sprühen, so dass wir mit der Knete nie auf einen trockenen Bereich des Lacks kommen.

Nachdem wir nun den ersten Teilbereich mit der Knete gereinigt haben, sind je nach Verschmutzungsgrad des Lacks mehr oder weniger Schmutzpartikel aufgenommen worden. Um die Knete nun an der nächsten Stelle des Autolacks anzuwenden, falten wir die Knete zusammen, so dass die schmutzige Stelle eingeschlossen ist. Dann formen wir die Knete erst wieder zu einer Kugel, dann zu einer

Scheibe und setzen unsere Arbeit an der nächsten Stelle fort. Diesen Vorgang wiederholen wir so oft, bis wir das gesamte Fahrzeug geknetet haben.

Sollte die Knete nach dem Reinigen von einigen Teilbereichen so stark verschmutzt sein, dass nach dem Falten keine saubere Stelle zu sehen ist, muss die Knete entsorgt und eine neue genommen werden. Das gilt übrigens auch für den Fall, dass die Knete auf den Boden gefallen ist; hier muss ebenfalls sicherheitshalber neue Knete verwendet werden.

Hinweis:
Wenn wir das Gleitmittel nach der Anwendung der Knete mit einem weichen Mikrofasertuch wieder entfernen, müssen wir nach dem Kneten nicht zwangsläufig eine erneute Handwäsche vornehmen.

(7) Zwischendurch immer den Zustand der Reinigungsknete prüfen: Hier war die porentiefe Reinigung ein voller Erfolg.

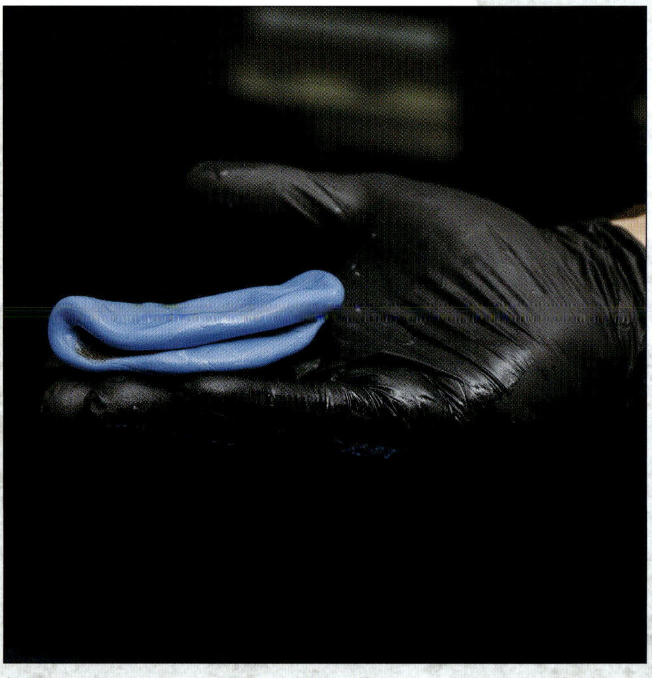

(8) Nun die Knete zusammenfalten, …

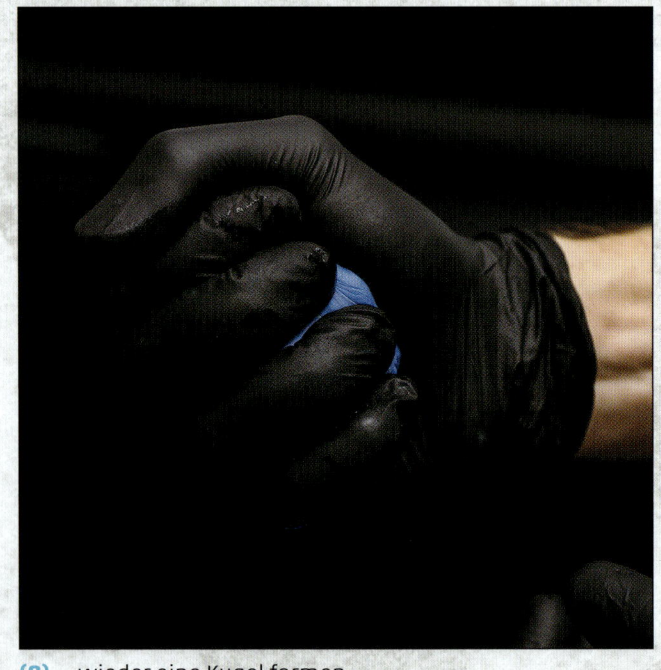

(9) … wieder eine Kugel formen …

(10) … und dann erneut eine flache Scheibe drücken.

(11) Auf diese Weise wird Stück für Stück die gesamte Lackoberfläche gereinigt.

(12) Nach dem Abkneten ist eine erneute Handwäsche nicht unbedingt erforderlich. Reste des Gleitmittels können mit einem Mikrofasertuch abgenommen werden.

RICHTIG POLIEREN – TIPPS & TRICKS FÜR EINEN DEFEKTFREIEN UND GLÄNZENDEN LACK

4

Richtig polieren – Tipps & Tricks für einen defektfreien und glänzenden Lack

Schon allein aufgrund ihres nicht zu übersehenden Gesamtanteils am Außenbereich eines Fahrzeugs, erfordert die Lackoberfläche bei der Autopflege natürlich die größte Aufmerksamkeit. Schließlich trägt ein perfekter Lack wesentlich zum guten Erscheinungsbild bei. Neben Kratzern und Schlieren beeinträchtigen auch Umwelteinflüsse, wie Staub- und Verschmutzungspartikel im Regen, UV-Strahlen, Streusalz, klebrige Insektenausscheidungen, ätzender Vogelkot und Baumharz, den Glanz des Lacks.

Abhängig vom Zustand des Lacks muss nun die weitere Oberflächenbehandlung geplant werden. Dazu schauen wir uns noch einmal das Detailing Flow Chart (Seite 14) an: Nach gründlicher Wäsche und Vorbereitung (Abkneten des Lacks, siehe Seite 50) kann die Poliermaschine zum Einsatz kommen. Aber Vorsicht: Für eine richtige Politur gibt es einiges zu beachten und je weniger Erfahrung man hat, desto wichtiger ist hier die sorgfältige und richtige Technik.

Die Lackpolitur ist ein sehr komplexes und teils kontrovers diskutiertes Thema. Generell gilt auch hier: Es gibt verschiedene Wege, die zu einem optimalen Ergebnis führen. Wir möchten Euch zeigen, wie man sich für die richtige Poliertechnik entscheidet und welche Punkte es zu beachten gibt, damit der Lack wieder in neuem Glanz erstrahlt.

Dazu müssen wir kurz in die Theorie einsteigen, aber wir werden diesen Teil möglichst kompakt gestalten – versprochen.

Generell ist zu beachten, dass es sich bei jedem Politurgang – sei es nun per Hand oder Maschine – um einen Schleifvorgang handelt, bei dem Lackmaterial abgetragen wird. Grundsätzlich gilt hier immer: Je weniger Abtrag, desto besser! Ziel ist es, eine möglichst glatte Lackoberfläche zu schaffen, um den Glanzgrad zu erhöhen. Und was ist Glanz? Die trockene Definition lautet: Glanz ist die gerichtete Reflexion auf der Lackoberfläche. In der Praxis heißt das, dass im optimalen Fall das Licht auf den Lack trifft und dabei gebündelt im selben Winkel reflektiert wird. Für alle, die in Physik gut aufgepasst haben: Einfallswinkel = Ausfallswinkel. Wenn der Lack verschmutzt, verwittert oder verkratzt ist, wird das Licht aber nicht gebündelt reflektiert, sondern gestreut – Ergebnis: Für das menschliche Auge sieht der Lack stumpf aus. Man spricht in diesem Zusammenhang auch vom Glanzschleier, der durch das gestreute Licht erzeugt wird. Übrigens kann sowohl Glanz (gemessen in Glanzeinheiten GE) als auch Glanzschleier (Haze, angegeben in Hlog) mit einem so genannten Digitalen Glanzmessgerät (ab ca. 150 Euro, Profigeräte ab ca. 240 Euro) gemessen werden.

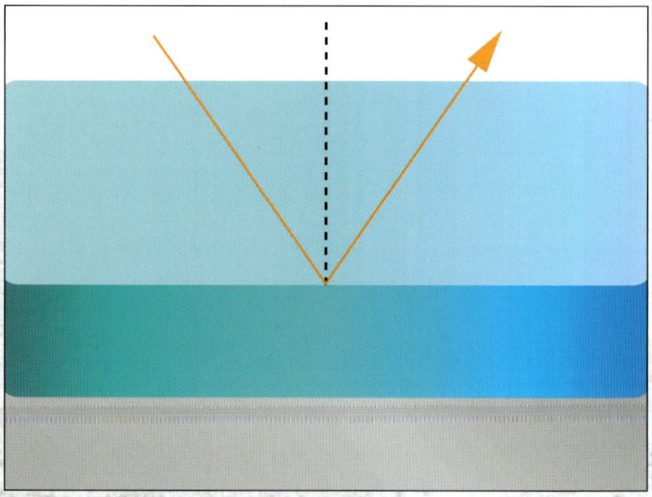

Bei einem defektfreien Lack wird das durch die Klarlackschicht einfallende Licht von der Lackschicht optimal reflektiert – der Lack glänzt.

Durch Defekte in der Klarlackschicht werden die einfallenden Lichtstrahlen in alle möglichen Richtungen reflektiert – für das menschliche Auge wirkt der Lack stumpf.

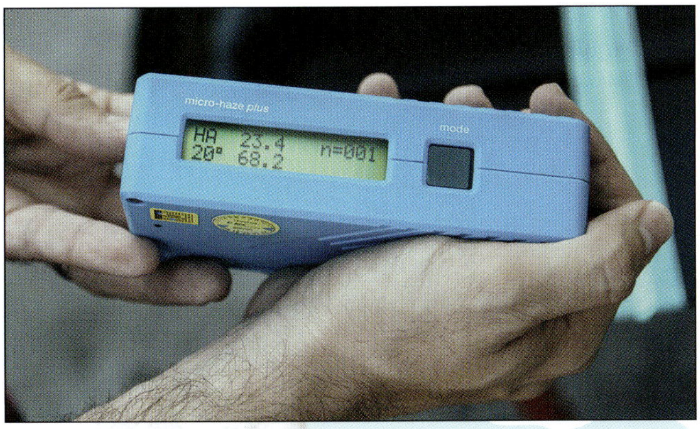

Ein professionelles Glanzmessgerät: Der obere Wert gibt den Glanzschleier an (Neuwagen: < 20 Hlog), der untere Wert steht für den Glanz (Neuwagen: 85 bis 90 GE).

Die modernen Unilacke bestehen aus zwei Schichten: Der Basislack wird mit einer Klarlackschicht überzogen. Dieses Verfahren bietet den Vorteil, dass der Lack besser geschützt ist.

Ganz allgemein kann man an dieser Stelle sagen: Das gewünschte Ergebnis erzielt man mit der richtigen Kombination von unterschiedlich abgestuften Polituren (von grob nach fein), der geeigneten Poliermaschine (Rotations- oder Exzenter-Ausführung) und den richtigen Polier-Pads (hart, mittel oder weich).

Bevor wir aber jetzt endlich die Poliermaschine „anwerfen", müssen noch ein paar Punkte geklärt werden.

Um welchen Lack handelt es sich?

Diese Frage ist leider meistens so komplex wie sie klingt: Die Hersteller setzen verschiedene Lacksorten und -typen ein. Die einfachste Klassifizierung erfolgt durch die Bestimmung, ob es sich um einen Metallic-Lack handelt, der – abgesehen von Grundierung und Füller – immer aus dem eigentlichen Basislack und zusätzlich einem Klarlack besteht, oder einen Unilack, der bei älteren Fahrzeugen noch ein Einschichtlack ist. Erst in den letzten 10 bis 15 Jahren sind die Hersteller dazu übergegangen, auch bei Unilacken mit einer Basis- und einer Klarlackschicht zu arbeiten.

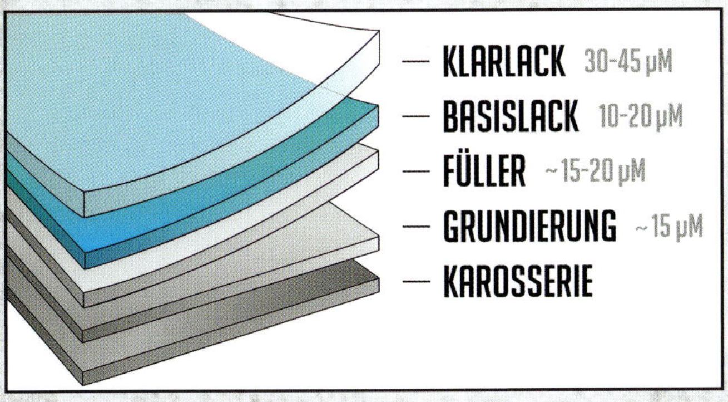

Der Lackaufbau bei modernen Fahrzeugen besteht aus sehr dünnen Einzelschichten.

In diesem Zusammenhang ist es wichtig zu wissen, wie ein moderner Fahrzeuglack aufgebaut ist: Wie bereits kurz angesprochen, besteht die Lackierung aus mehreren auf die Karosserie aufgebrachten Schichten. Als Erstes wird die Grundierung aufgebracht, auf dieser liegt der Füller, erst danach folgt der Basislack, der wiederum zumeist mit einer Klarlackschicht überzogen ist. Wenn wir ein Fahrzeug polieren und Kratzer entfernen, polieren wir also in den meisten Fällen die Klarlackschicht.

Die eigentliche Lackdicke ist abhängig von Herstellern, Automodell und auch den Baujahren. So waren Lackschichten in den 1960er und 1970er Jahren deutlich dicker als sie es heute sind. Die modernen Robotergenerationen ermöglichen im Fertigungsprozess einen präzisen, sparsamen und umweltschonenden Farbeinsatz, der nebenbei zur Gewichtsersparnis beiträgt und die Produktionskosten senkt. Allerdings sind die dünnen Farbschichten auch empfindlicher gegen Kratzer.

Ein weiterer wichtiger Punkt ist der Umweltschutz. Seit Anfang der 1990er besteht Lack auf Wasserbasis (früher auf Nitro-Basis), so dass ein modernes Fahrzeug anders behandelt werden muss, als es bei einem Oldtimer der Fall ist.

Die Härte des Lacks ist abhängig vom Fahrzeughersteller: BMW ist bekannt für seine harten Lackoberflächen, andere Hersteller favorisieren weichere Lacke, damit nicht jeder Steinschlag seine Spuren hinterlässt.

Darüber hinaus unterscheidet man herstellerspezifisch zwischen „harten Lacken", wie sie beispielsweise bei BMW und Mercedes-Benz eingesetzt werden, und „weichen Lacken", die in der Produktion bei französischen und asiatischen Herstellern Standard sind. Bei VW, Audi und Porsche werden auch zunehmend mehr weiche Klarlacke eingesetzt, die generell einen besseren Schutz vor Steinschlägen bieten sollen: Harte Klarlacke können nicht nachgeben und platzen bei Kontakt mit einem Fremdkörper schneller ab.

Lackzustand beurteilen

Im folgenden Schritt geht es darum, den Lackzustand zu beurteilen und auf Basis dieser Beurteilung den richtigen Poliervorgang zu wählen – oder im besten Fall eben nicht zu polieren. Auch hier noch einmal der Hinweis auf das Detailing Flow Chart.

- Sofern es sich um einen defektfreien – also kratzerfreien – Lack handelt, können wir gleich zum nächsten Schritt übergehen und den Lack mit einem Lackkontrollreiniger für den Auftrag von Wachs oder einer Versiegelung vorbereiten

- Bei einem guten Lackzustand müssen wir schauen, ob es reicht, mit einer Finishpolitur/Hochglanzpolitur den Lack zu bearbeiten oder ob im ersten Schritt noch eine Swirl-Remover-/Anti-Hologramm-Politur zum Einsatz kommt.

- Bei einem mittelmäßigen Autolack wird gleich mit der Swirl-Remover/Anti-Hologrammpolitur und anschließend mit der Finishpolitur auf Hochglanz poliert.

- Sollte der Lackzustand sehr schlecht sein, arbeiten wir im ersten Schritt mit einer Compound/Schleifpolitur. Diese Politur hat sehr scharfe und grobe Schleifkörner, mit deren Hilfe tiefere Kratzer entfernt werden können.

Hinweis:
Bei einer Schleifpolitur kommt es häufig dazu, dass durch das Polieren so genannte Hologramme im Lack entstehen. Aus diesem Grund müssen wir den Lack danach mit der Anti-Hologrammpolitur bearbeiten – so verschwinden die Hologramme wieder. Von dieser Problematik besonders betroffen sind schwarze Lacke.

Übersicht Schadensbilder

Im ersten Schritt ist es wichtig einzuschätzen, welche Art von Beschädigungen der Lack aufweist. So differenzieren wir zwischen sehr starken und starken Kratzern sowie Hologrammen und Swirls (Waschkratzer). Die Herangehensweise zur Beseitigung dieser Schäden unterscheidet sich in der Wahl der Politur. Dabei kommt generell eine Poliermaschine zum Einsatz, da wir bei großflächigen und/oder tiefergehenden Lackfehlern mit der Handpolitur ein nur unbefriedigendes Gesamtergebnis erzielen würden.

Schaden: Sehr starke Kratzer
Herangehensweise: 2-stufiges Polieren mit Heavy Cut Politur (z. B. Menzerna Heavy Cut Compound 300) und zum Abschluss eine Finish Politur (z. B. Menzerna Super Finish 3500)
Polierpad: Heavy Cutting Schleifpad und Medium Polishing Polierpad

Schaden: Starke Kratzer
Herangehensweise: 2-stufiges Polieren mit Heavy Cut Produkt (z. B. Menzerna Heavy Cut Compound 400), anschließend eine Finish Politur (z. B. Menzerna Super Finish 3500)
Polierpad: Heavy Cutting Schleifpad und Medium Polishing Polierpad

Schaden: Hologramme
Herangehensweise: 2-stufiges Polieren mit Medium Cut Politur (z. B. Menzerna Medium Cut Polish 2500) und zum Abschluss eine Super Finish Politur (z. B. Menzerna Super Finish 3500)
Polierpad: Medium Cutting Schleifpad und Medium Polishing Polierpad

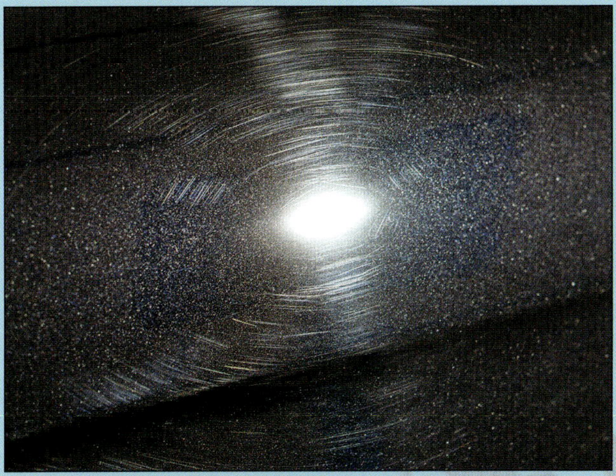

Schaden: Swirls
Herangehensweise: 2-stufiges Polieren mit Medium Cut Politur (z. B. Menzerna Medium Cut Polish 2500) und zum Abschluss eine Super Finish Politur (z. B. Menzerna Super Finish 3500)
Polierpad: Medium Cutting Schleifpad und Medium Polishing Polierpad

Handpolieren vs. Maschinenpolieren – die Unterschiede

Eines vorweg: Das bessere Gesamtergebnis liefert das Polieren mit einer Maschine. Allerdings darf man das Polieren mit der Hand keinesfalls gänzlich außer Acht lassen. Besonders für Einsteiger in das Thema Autopflege stellt das Handpolieren eine kostengünstige Methode dar, Kratzer zu entfernen. Für einen partiellen Bereich ist das Ergebnis auf jeden Fall akzeptabel, ein ganzes Auto auf diese Weise zu bearbeiten, ist aber nicht nur körperlich eine sehr anstrengende Angelegenheit. So wird das Resultat niemals so gleichmäßig sein wie mit der Maschine. Jedoch kann die Handpolitur auch eine sehr interessante Ergänzung zum maschinellen Polieren darstellen: In engen Bereichen, an denen die Maschine aufgrund ihrer Größe an Grenzen stößt, kommt man mit Handarbeit sehr gut zurecht. Außerdem kann man sich die Anschaffung eines teuren Winkelpolieres wie die Rupes iBrid Nano sparen.

Sehr gute Dienste leistet ein Handpolierpad auch bei der Aufarbeitung von Hochglanzapplikationen an Türen und Säulen: Hier reicht Handkraft oft völlig aus.

Es gibt 2 verschiedene Ausführungen dieser Handpolierpads. Die auch als Lackmäuse bekannten Pads bestehen aus unterschiedlich harten Schaumstoffen, auf die man die Politur direkt aufträgt. Die etwas teureren Handpolierhilfen (z. B. Auto Finesse Handi Puk) sind mit einem Klettbelag versehen, womit man jedes handelsübliche Maschinenpolierpad verwenden kann.

Hier haben wir die beiden Poliermethoden einmal gegenüber gestellt:

	Handpolieren	**Maschinenpolieren**
Anschaffungskosten	niedrig	hoch
Kraftanstrengung	viel Körpereinsatz	wenig Körpereinsatz
Einsatzbereich	kleine Flächen	große Flächen
Anwendung	ohne Vorkenntnisse	Basiswissen erforderlich

Die richtige Poliermaschine

Wer sich intensiv mit der Pflege seines Fahrzeugs beschäftigt, wird irgendwann vor der Frage stehen: Soll ich mein Auto mit einer geeigneten Maschine selbst polieren? Und da kann die Antwort eigentlich nur lauten: Ja! Das Ergebnis dieser – zugegeben in manchen Fällen etwas aufwändigeren – Arbeit ist alle Mühe wert. Durch die gründliche Beseitigung von Lackdefekten, wie Hologrammen, Swirls und Kratzern, erzielen wir eine perfekt glänzende Lackoberfläche.

Doch bevor wir loslegen, müssen 2 Dinge geklärt werden: Welches Budget steht zur Verfügung und welche ist die beste Maschine, die ich dafür bekommen kann? Die Budgetfrage muss jeder für sich selbst klären. Im Rheinland gibt es ein schönes Sprichwort: „Wat nix kost is nix!" Frei übersetzt bedeutet das so viel wie: „Wer billig kauft, kauft zweimal." Wenn eine Poliermaschine ein robustes Gehäuse, einen standfesten Motor, eine belastbare Mechanik und eine gute Verarbeitung haben soll, müssen wir uns klar machen, dass so ein Teil als Neuware nicht für unter 100.- Euro zu bekommen ist.

Die verschiedenen Systeme

Im Allgemeinen unterscheiden wir 2 Kategorien an Poliermaschinen:
Im Enthusiasten-Bereich ist eine **Exzenter-Poliermaschine** die mit Sicherheit beste Wahl. Es gibt diesen Typ mit und ohne Zwangsrotation. Letztere Ausführung ist die preiswertere, nur teure Maschinen (jenseits von 300 Euro) haben dieses Feature, mit dem ein höherer Lackabtrag möglich ist. Der große Vorteil einer Exzenter-Poliermaschine ist die Orbitalbewegung des Schleiftellers: Weil das Polierpad deshalb niemals nur auf einem Punkt poliert, ist die Wärmeentwicklung auf dem Lack eher gering – die Gefahr, dass wir den Lack durch Stauhitze beschädigen ist also vernachlässigbar. Daraus resultiert auch ein weiterer Vorteil: Der Lackabtrag gelingt langsamer als mit einer Rotationspoliermaschine, so dass auch Anfänger mit diesem Maschinentyp im Normalfall nichts falsch machen können. Aber selbstverständlich bekommt man mit einer Exzenter-Poliermaschine alle üblichen Probleme wie Swirls, Hologramme und die meisten Lackdefekte beseitigt.

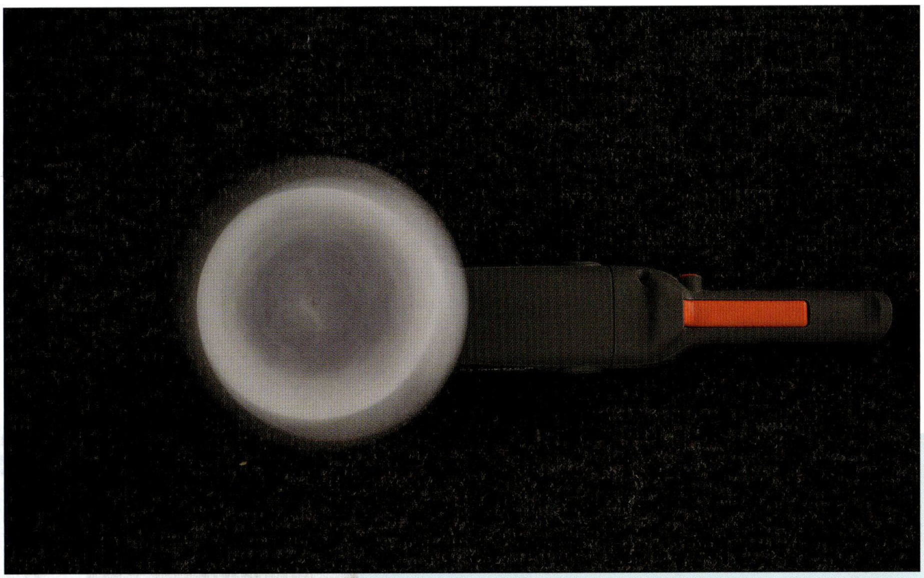

Exzenter-Poliermaschinen bieten den Vorteil, dass sie extrem einsteigerfreundlich sind. Auch weniger geübte Detailing-Enthusiasten können im Umgang mit diesen Maschinen nicht viel falsch machen.

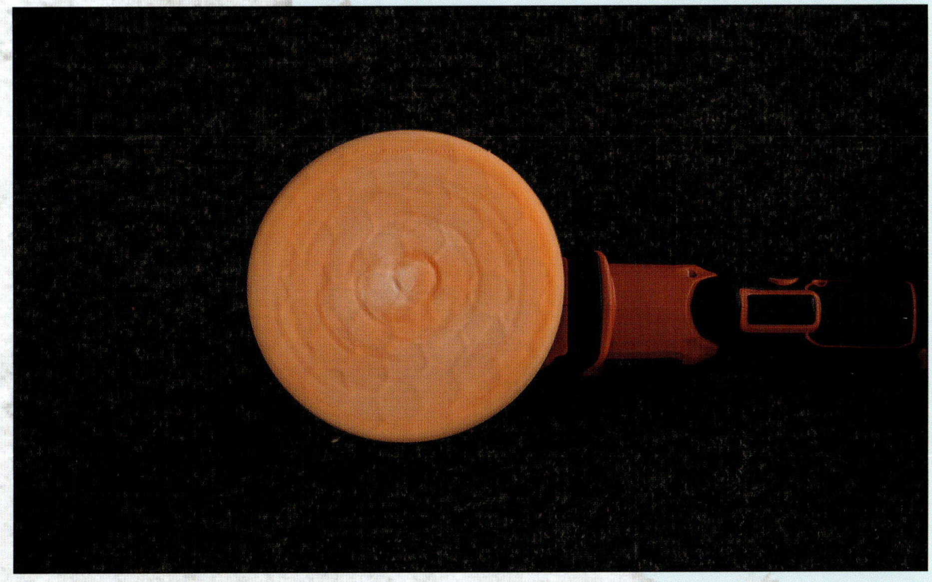

Die Rotationspoliermaschinen zeichnen sich durch hohen Lackabtrag aus und sind in erste Linie das ideale Werkzeug für Profis, die in kurzer Zeit zu einem sehr guten Ergebnis kommen müssen.

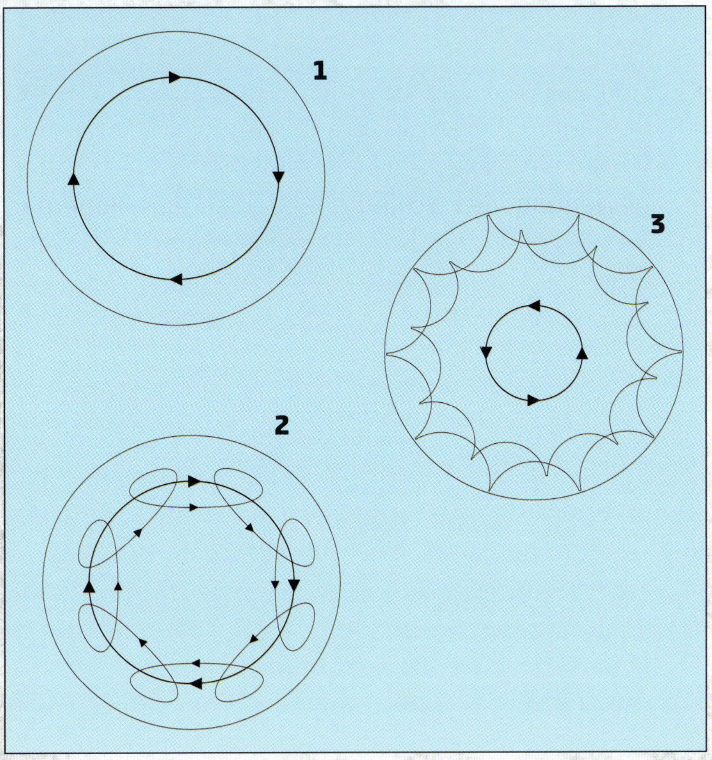

Tipp:
Je größer die Orbitalbewegung – also der Hub – der Maschine ist, desto schneller kann mehr Lack abgetragen und eine größere Fläche bearbeitet werden. Eine Exzenterpoliermaschine ohne Zwangsrotation sollte zwischen 8 und 15 mm Hub haben.

Tipp:
Immer beliebter werden Maschinen mit Akku-Stromversorgung: Leistungsstarke Akkus sorgen für eine weitgehende Unabhängigkeit von einer Steckdose. Die Maschinen bieten ein sehr gutes Handling und es kann kein Kabel mehr am Lack scheuern.

Die verschiedenen Arbeitsweisen im Überblick: 1. Rotationsprinzip 2. Exzenter-Prinzip 3. Exzenter-Prinzip mit Zwangsrotation

Im Gegensatz dazu sind die Maschinen aus der zweiten Kategorie das perfekte Werkzeug für alle fortgeschrittenen Anwender: Die **Rotationspoliermaschine** zeichnet sich durch schnelleren Lackabtrag aus und eignet sich besonders für den Einsatz bei tiefen Kratzern, wenn es darum geht, viel Lack abzutragen. Aufgrund des Arbeitsprinzips wird der Arbeitsbereich partiell sehr heiß und wenn man nicht aufpasst, kann der Lack beschädigt werden. Dafür kann man mit einer Rotationspoliermaschine in kürzerer Zeit mehr Lackfläche bearbeiten als mit einer Exzenter-Maschine. Dieser Vorteil spielt im Enthusiasten-Bereich aber eine eher untergeordnete Rolle, da man sich für das Polieren sowieso ausreichend Zeit nehmen sollte.

Technische Kriterien

Wie eingangs schon erwähnt: Das Budget bestimmt in erster Linie die Auswahl der Maschine. Aber zunächst muss man sich Gedanken machen, wie das Anforderungsprofil überhaupt aussieht: Soll nur ein Fahrzeug im Jahr poliert werden? Oder sollen mehrere Fahrzeuge regelmäßig aufbereitet werden? Oder soll die Fahrzeugaufbereitung als professionelles Geschäft betrieben werden? Für all jene, die Fahrzeugpflege aus Leidenschaft betreiben, wird mit Sicherheit eine Maschine, die einen breiten Anwendungsbereich abdeckt, vollkommen

Echtes Allround-Talent für sehr gute Ergebnisse: Eine Exzenter-Poliermaschine mit 15 mm Hub ist eine sehr gute Wahl für alle Autopflege-Enthusiasten.

ausreichen. Für Enthusiasten, die gerne mehr Geld und Zeit in die Pflege ihres Autos investieren möchten, wird die Strategie, zwei unterschiedlich große Maschinen anzuschaffen, die beste sein. So können alle Flächen und Stellen ideal bearbeitet werden. In der folgenden Betrachtung gehen wir von dem großen Kreis der Detailing-Enthusiasten aus: Für dieses Einsatzgebiet ist eine Exzenter-Poliermaschine die beste Wahl. Hier besteht das geringste Risiko, bei der

Eigentlich kein Problem: An konturenreichen Partien erfordert ein großes Pad etwas Geschick und Übung – das Pad muss nach Möglichkeit plan aufliegen. Es darf nicht „auf Kante" gearbeitet werden.

Anwendung einen Fehler zu machen und den Lack nachhaltig zu beschädigen, bei gleichzeitig sehr guten Ergebnissen.

Ein wichtiges Kriterium bei der Auswahl der für die ganz persönlichen Ansprüche geeignetsten Poliermaschine ist der Hub (korrekt: Orbitalhub). Unter dem Hub verstehen wir den Ausschlag des Stütztellers (die Fläche, auf der das Polierpad befestigt wird). Typische Größen, die wir in diesem Bereich finden, sind beispielsweise 15 oder 21 mm Hub. Generell bedeutet mehr Hub, dass dank des im Verhältnis zur 15-mm-Hub-Maschine größeren Stütztellers mehr Fläche bearbeitet werden kann. Bei Fahrzeugen mit extrem vielen geraden Flächen (Wohnmobile, Nutzfahrzeuge) ist so eine Maschine von Vorteil. Dieser Maschinentyp bietet gleichzeitig mehr Leistung, um den großen Hub besser umsetzen zu können. Das große Pad hat aber auch den Nachteil, dass wir kleinere Stellen bzw. kleinere Flächen nicht so gut erreichen.

Für schmale Bereiche ist natürlich eine Maschine mit kleinem Stützteller eine ideale Ergänzung zur „normalen" Poliermaschine. Ob sich das im Einzelfall lohnt, muss jeder selbst entscheiden.

Für die meisten Hobby-Autopfleger sind Maschinen mit ca. 15 mm Hub aufgrund ihrer universellen Einsatzmöglichkeiten eigentlich perfekt geeignet. Hier kommen Pads mit 150 mm Außendurchmesser zum Einsatz, sodass auch konturenreiche Stoßfänger und schmale Dachsäulen mit etwas Geschick problemlos poliert werden können.

Als Ergänzung zu einer Universal-Maschine empfehlen sich Poliermaschinen mit sehr kleinem Stützteller. Als Beispiel sei hier die LHR 75E Mini von Rupes genannt: Ein sehr kompaktes Gehäuse beherbergt die Mechanik, die bei 12 mm Hub mit einem 75 mm großen Stützteller ausgestattet ist. Besonders an konturenreich gestalteten Karosseriepartien wie Motorhaubenseiten und Heckklappen können diese kleineren Bauarten ihre Vorteile ausspielen.

Achtung:
Verschiedene Hersteller bieten die Möglichkeit, den vorhandenen Stützteller gegen einen kleineren oder größeren auszutauschen. Hier unbedingt die Angaben des Herstellers beachten!

Weitere Kriterien beim Kauf einer Poliermaschine sind die Geräuschentwicklung, ein möglichst vibrationsarmer Lauf, das generelle Handling (abhängig von Größe und Design des Gehäuses) und natürlich die Verarbeitungsqualität. Markenhersteller punkten zudem mit einer Garantiezeit von 2 oder mehr Jahren und bieten außerdem einen Reparaturservice an.

Besonders an Karosserien moderner Fahrzeuge sind kleine Teilflächen keine Seltenheit. Für diesen Einsatzzweck sind Winkelpolierer wie die Bigfoot iBrid Nano von Rupes konzipiert.

Für hohe Abtragleistung in kurzer Zeit: Rotationsmaschinen sind vor allem für den professionellen Einsatz gedacht. Bei zu wenig Poliererfahrung besteht die Gefahr, den Lack nachhaltig zu beschädigen, da dieser Maschinentyp an der Polierstelle punktuell sehr viel Wärme erzeugt.

Kabellose Freiheit: Akkubetriebene Poliermaschinen sind äußerst praktisch, besonders wenn man in der Garage oder vor dem Haus keinen Stromanschluss nutzen kann. Allerdings sollte mindestens 1 Ersatzakku vorhanden sein – und das Ladegerät in erreichbarer Entfernung stehen.

Mit über 80 Jahren Erfahrung steht Flex für Qualität Made in Germany (von rechts nach links): die abtragstarke Flex Polishflex PE 14-2 150 Rotations-Poliermaschine sowie die beiden sicheren Exzenterpolierer Flex XFE 7-15 150 (15 mm Hub) und Flex XFE 7-12 80 Mini (12 mm Hub). Die neuen FLEX-Pads mit Farbleitsystem geben für alle Anwendungen eine klare Orientierung.

Das Programm von Rupes – ein 1947 in Mailand gegründetes und immer noch inhabergeführtes italienisches Familienunternehmen – ist so konzipiert, dass alle am Polierprozess beteiligten Komponenten genau aufeinander abgestimmt sind: Für jede Poliermaschine wird das passende Pad angeboten, das durch seine Eigenschaften perfekt für die jeweilige Maschine und die hauseigene Politur geeignet ist.

Das BigFoot-Poliersystem: Für die drei verschiedenen Maschinentypen gibt es jeweils eine eigene Politurpasten-Serie, allesamt ohne Silikone und Lösungsmittel. Die Farbe des Flaschenverschlusses zeigt an, welches BigFoot-Pad benutzt werden muss, um das optimale Ergebnis zu erzielen.

Das Zubehör

Ein gutes Ergebnis ist auch von der Verwendung des richtigen Pad abhängig. Diese Pads – auch Polierschwämme genannt – unterscheiden sich in Material und Abrasivität. Die verbreitetsten Ausführungen sind die Schaum-Pads, andere Materialien sind Fell, Wolle und Mikrofaser. Dabei darf man nicht den Fehler machen, zu glauben, dass die weichen Materialien besonders sanft zum Lack sind – im Gegenteil: Der Abtrag ist umso größer, je mehr Schleifmittel ein Pad aufnehmen kann. Bei einem Schaumpad bestimmt zunächst einmal die Oberflächenstruktur den Anwendungsbereich. So kann ein grobes Pad dank seiner Oberflächenstruktur die großen Körner einer Heavy-Cut-Politur perfekt aufnehmen und hat somit eine hohe Abrasivität, die beispielsweise besonders beim Beseitigen von tiefen Kratzern erwünscht ist. Dazu kommt dann noch die Härte des Schaums (so genannte Stauchhärte), denn je härter das Pad, desto mehr Druck kann beim Poliervorgang übertragen werden.

Umgekehrt eignet sich ein feiner, weicher Schaum aufgrund seiner geringen Abrasivität am besten für die Verarbeitung von Wachsen und Versiegelungen.

Noch kurz ein Wort zur Pad-Größe: Generell sollte das Pad ein wenig größer sein als der Stützteller, so wird eine optimale Druckverteilung beim Arbeiten erzielt.

Große Pads bieten außerdem eine größere Auflagefläche, dadurch lässt sich die Maschine beim Arbeiten besser in die gewünschte Richtung dirigieren.

Tipp:

Polier-Pads sind Verbrauchsmaterialien. Mit Politur und Schleifresten zugesetzte Exemplare müssen im Laufe des Arbeitsprozesses getauscht/gesäubert werden, sonst besteht die Gefahr von weiteren Lackschäden. Für eine gründliche Politur sollten also entsprechend viele saubere Polierschwämme bereitliegen. Nach Gebrauch können sie in der Waschmaschine für den nächsten Einsatz wieder gereinigt werden.

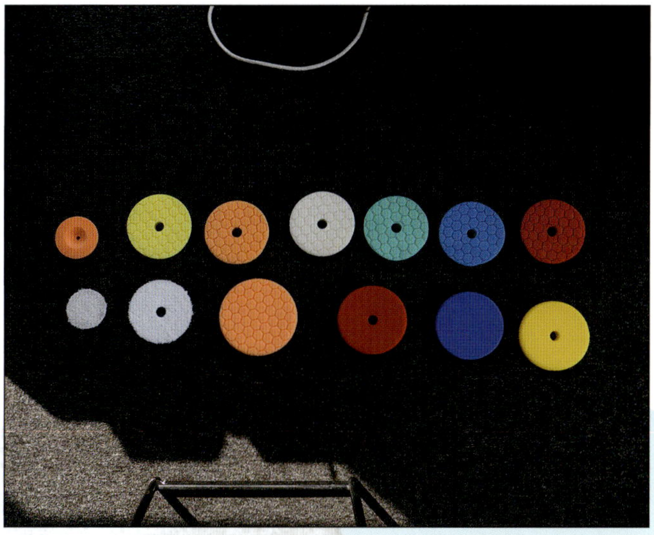

(1) Bunte Vielfalt: Polier-Pads werden in zahlreichen Formen und Farben und mit unterschiedlichen Oberflächen angeboten. Pads mit Loch sind in der Regel für Exzenter-Maschinen vorgesehen, ohne Loch für Rotationsmaschinen.

(2) Die wichtigste Eigenschaft: Durch eine Streichbewegung mit dem Daumen kann man leicht beurteilen, welche Abrasivität (stark oder gering) das Pad hat.

(3) Durch Zusammendrücken kann die Dämpfung des Pad getestet werden: Ein grobes Schleifpad gibt relativ wenig nach (große Stauchhärte), so kann die auf die Maschine ausgeübte Kraft besser übertragen werden.

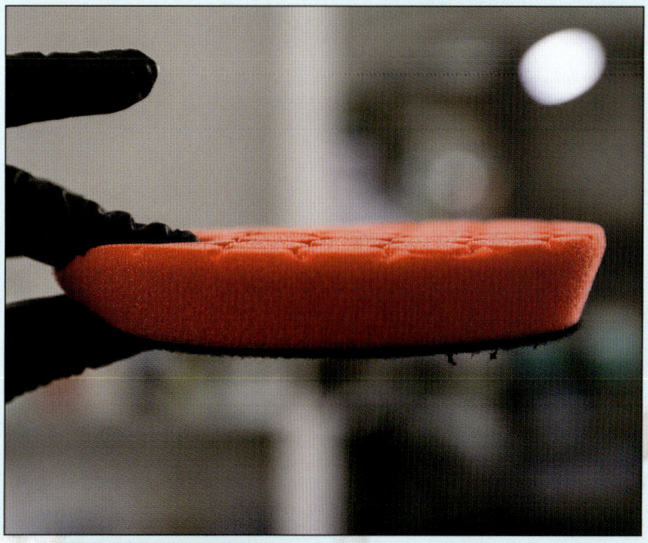

(4) Bei einer Finish-Politur soll eher weniger Druck übertragen werden: Dieses Pad ist deutlich weicher (geringe Stauchhärte).

(5) Das Pad wird möglichst exakt mittig auf dem Schleifteller fixiert.

(6) Im Idealfall ist das Pad ein wenig größer als der Schleifteller, um Beschädigungen des Lacks während des Poliervorgangs zu verhindern.

Schleifpolitur zur Defektbeseitigung

Lacknebel, Kratzer und starke Gebrauchsspuren, die nicht bis auf die Grundierung reichen, werden mit Hilfe einer groben Polierpaste beseitigt. Wie bei jedem Polierprozess wird Lack abgetragen – darum ist die richtige Anwendung so wichtig, um den Schaden nicht vielleicht noch zu vergrößern.

Wie eben beschrieben, unterscheiden wir die Beschaffenheit von Polierpads hinsichtlich der Stauchhärte und Oberflächenstruktur. In Kombination mit den richtigen Polierpasten erzielt man einen hohen Abtrag (Abrasivität) und kann Defekte relativ einfach entfernen. Dabei muss man immer bedenken, dass eine Defektkorrektur in erster Linie von der verwendeten Politur abhängt, deren Wirksamkeit mit dem richtigen Pad optimiert werden kann.

Für die Beseitigung von mittelstarken Kratzern muss man nicht sofort zur stärksten Politur greifen. Viele Hersteller haben Polituren in ihrem Sortiment, die den Spagat aus Defektbeseitigung und Glanzerzeugung bewerkstelligen.

Hinweis:
Je nach Art und Schwere des Lackdefektes wird mit einer möglichst sanften Politur begonnen, um den Materialabtrag zu minimieren. Wenn die gewählte Politur keinen Erfolg zeigt, kann man immer noch eine Stufe gröber wählen.

Um es ganz klar zu sagen: Es gibt nicht die eine Kombination aus Politur und Polierpad, um bei allen Autos zum selben Ergebnis zu kommen – dafür sind die Lacke einfach zu unterschiedlich. Durch jahrelange Erfahrung und unzählige Versuche können wir besonders die Produkte namhafter Hersteller wie Menzerna, SONAX oder Koch Chemie empfehlen. Im Folgenden sind die bei Drucklegung aktuellen Programme der drei großen Hersteller in übersichtlichen Grafiken dargestellt. Wie bereits erklärt, gibt es nicht das eine, ultimative Produkt. Wer regelmäßig Auto polieren möchte, wird im Laufe der Zeit verschiedene Polituren einsetzen und sich dann für sein persönliches Lieblingsprodukt entscheiden, mit dem die besten Ergebnisse gelingen.

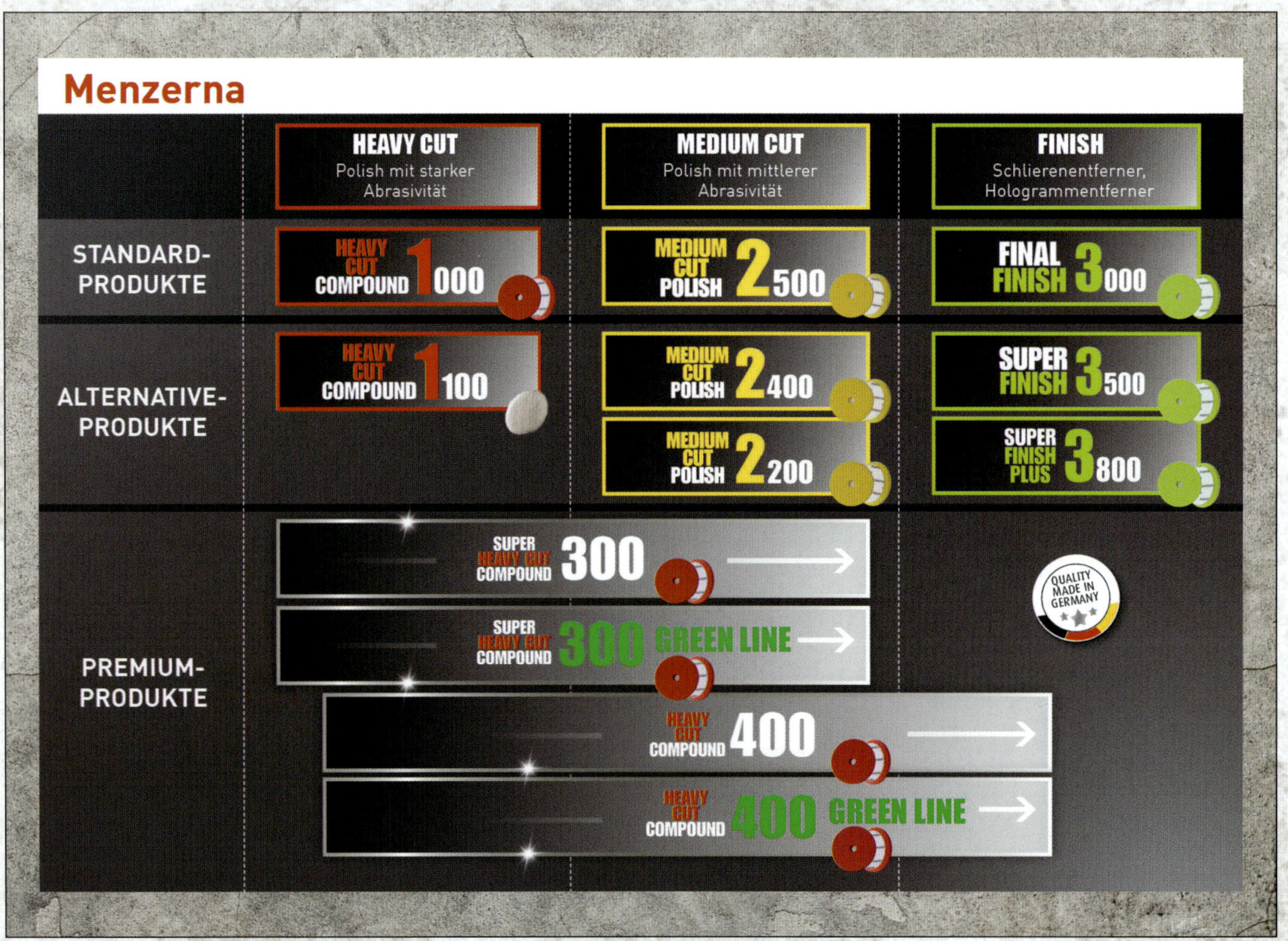

Der baden-württembergische Traditionshersteller Menzerna bietet seit 1888 ein differenziertes Portfolio für Anwender mit höchsten Ansprüchen.

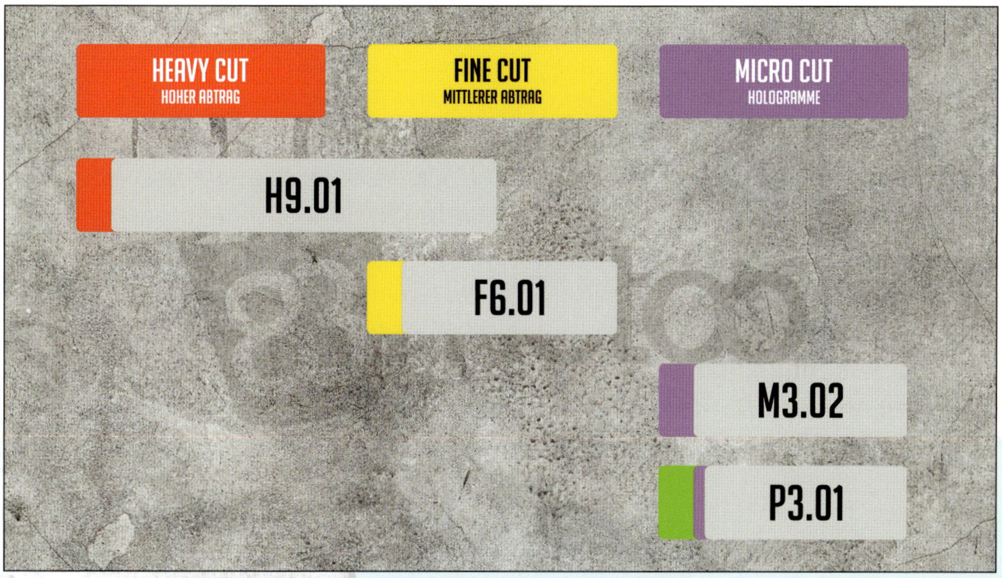

Übersichtlich und effektiv: die Polituren von Koch Chemie. Hier sorgen seit 2018 neue Produkte wie die H9.01 für perfekte Kratzerbeseitigung und Glanz.

POLIEREN Lackzustände*

stark verwittert – leicht verwittert

Körnung	Produkt	Art.-Nr.	Performance-Skala: Schleifleistung	Performance-Skala: Glanzgrad
P1000	SONAX PROFILINE CutMax	02461410 | 02463000 | 02465000	6	3
P1200	SONAX PROFILINE SP 06-02	03201410 | 03203000	6	2
	SONAX PROFILINE FS 05-04	03191410 | 03193000 | 03195000	5	4
P1500	SONAX PROFILINE ExCut 05-05	02451410 | 02453000	5	5
	SONAX PROFILINE Cut&Finish	02251410 | 02253000 | 02255000	5	5
P2000	SONAX PROFILINE PerfectFinish	02241410 | 02243000 | 02245000	4	6
	SONAX PROFILINE EX 04-06	02421410 | 02423000 | 02425000	4	6
P2500	SONAX PROFILINE NP 03-06	02081410 | 02083000 | 02085000	3	6
P3000	SONAX PROFILINE HP 01-06	03003000 | 03005050	1	6

Top-Empfehlung · Maschinentyp Rotativ | Exzenter

* Verkratzungsbild vergleichbar mit einem Anschliff durch Schleifpapier der Körnung P1000 bis P3000.

SONAX bietet in der Profiline retrekulierte (nachbehandelte), offenzellige Polyurethan-Polierschwämme an. Die Zellenanzahl pro Kubikzentimeter entscheidet über Abrasivität, wobei die Zellengröße der Politur angepasst ist.

Hochglanzpolitur

Bei der Hochglanzpolitur werden die Spuren von groben Polierpasten oder leichte Kratzer behoben. Das Ziel ist eine hologrammfreie Oberfläche mit makellosem Glanz.

Neben dem perfekten Erscheinungsbild sorgt eine Hochglanzpolitur aber auch für lange Standzeiten des Lackschutzes, der im Anschluss an jede Politur aufgetragen werden sollte. Das jeweilige Produkt kann nämlich an einer defektfreien Fläche besser haften.

Kombi-Produkte

Sehr beliebt, weil sehr zeit- und kostensparend, sind Kombiprodukte wie zum Beispiel „3-in-1-Polituren". Die darin befindlichen Schleifkörper werden mit zunehmender Schleifdauer immer kleiner, bis aus der Schleifpolitur eine Hochglanzpolitur geworden ist und im letzten Schritt auch das Wachs aufgetragen wird. Das klingt nicht nur praktisch, das ist es auch – allerdings mit Einschränkungen: Diese Produkte eignen sich insbesondere für einen Lack, der noch im einem recht guten Zustand ist. Bei starken Beschädigungen oder verwitterten Lacken sollten hier besser mehrere unterschiedlich starke Polituren verwendet werden, auch wenn der Zeitaufwand bei der Verarbeitung erheblich größer ist. Außerdem sind die Kombiprodukte empfindlich gegen zu viel Wärmeentwicklung beim Polieren, was dazu führen kann, dass die Politur „verbrennt" – das Abnehmen dieser Überreste kann sich sehr zäh gestalten.

Unten: Für ein perfektes Ergebnis sind mehrere Polituren erforderlich. In der Regel beginnen wir mit einer abrasiven Heavy Cut Politur, um die gröbsten Beschädigungen zu entfernen. Da hierbei sehr häufig Hologramme entstehen, wird mit einer Medium Cut (auch Hochglanz-Antihologramm-Politur genannt) nachgearbeitet. Den Hochglanz bringt der dritte Durchgang mit einer Micro Cut, um letzte Polierschleier, feine Kratzer und Anschliffe bis 3000er Körnung zu beseitigen.

Farbenfroh und Anwenderfreundlich: Bei Koch Chemie signalisiert die Farbe auf der Pad-Unterseite, für welche Politur es eingesetzt werden kann. Im hier gezeigten Beispiel wird die mit einer roten Farbbanderole versehene Heavy Cut H9.01 auf ein rotes Pad aufgetragen, die lila gekennzeichnete Micro Cut M3.02 wird mit einem farblich identisch markierten Pad verarbeitet.

Immer wieder innovative Neuigkeiten: Menzerna erweiterte 2018 seine Produktpalette um VOC(Volatile Organic Compounds)-freie Schleifpolituren - die Menzerna GREEN LINE Produkte sind leistungsstarke, aber nicht gesundheits- und umweltbelastende Autopolituren. Die Menzerna Super Heavy Cut Compound 300 und die Menzerna Heavy Cut Compound 400 verursachen dabei kaum noch Hologramme, sodass auf den Einsatz einer Finish Politur je nach Ausgangsoberfläche sogar verzichtet werden kann.

Richtig Polieren

Zunächst drei Grundregeln, die man beim Umgang mit einer Poliermaschine beachten sollte:

- Regelmäßig das Polierpad prüfen und bei Bedarf ein neues nehmen.
- Stets nur eine Teilfläche von ca. 60x60 cm bearbeiten.
- Ausreichend Zeit einplanen!

Wenn alle nicht lackierten Kunststoffteile, Fensterdichtungen, Zierleisten, Scheinwerfer, Blinker, Rückleuchten – kurz: alle Teile, die nicht poliert werden sollen – abgeklebt sind, können wir loslegen.

Tipp:
Zum Abkleben stets das speziell dafür empfohlene Abklebeband verwenden. Malerkreppband oder ähnliche Produkte lassen sich nicht rückstandsfrei entfernen!

Im ersten Schritt geben wir 4 bis 5 erbsengroße Tropfen Politur auf das Pad. Bei neuen, ungebrauchten Pads kann man anschließend 1 bis 2 Sprühstöße Conditioner auf das Pad geben, so wird der Materialauftrag erleichtert. Alternativ kann auch ein Detailer oder etwas Wasser zum Vorbereiten der Pads verwendet werden.

Nun verteilen wir die Politur grob, indem wir – bei ausgeschalteter Maschine – das Pad an mehreren Stellen unserer Teilfläche aufliegen lassen. Anschließend stellen wir den Schalter der Maschine zunächst auf Stufe 1 und beginnen die langsame gleichmäßige Bearbeitung der Lackoberfläche im Kreuzstrich (2 bis 3 Kreuzstriche-Durchgänge). Im weiteren Verlauf erhöhen wir dabei die Drehzahl (Stufe 3 bis 4) für weitere 2 bis 3 Kreuzstriche.

Tipp:
Das Kabel der Maschine am besten über die Schulter legen oder mit einem Karabiner an der Hose sichern. So wird verhindert, dass ein scheuerndes Kabel neue Lackdefekte verursacht.

Tipp:
Die Poliermaschine immer erst anlaufen lassen, wenn das Pad vollflächig auf der Lackoberfläche aufliegt. Ansonsten verteilt sich die Politur auf dem Pad unkontrolliert in der Gegend. Maschine nach dem Polieren auch erst dann anheben, wenn der Teller sich nicht mehr dreht!

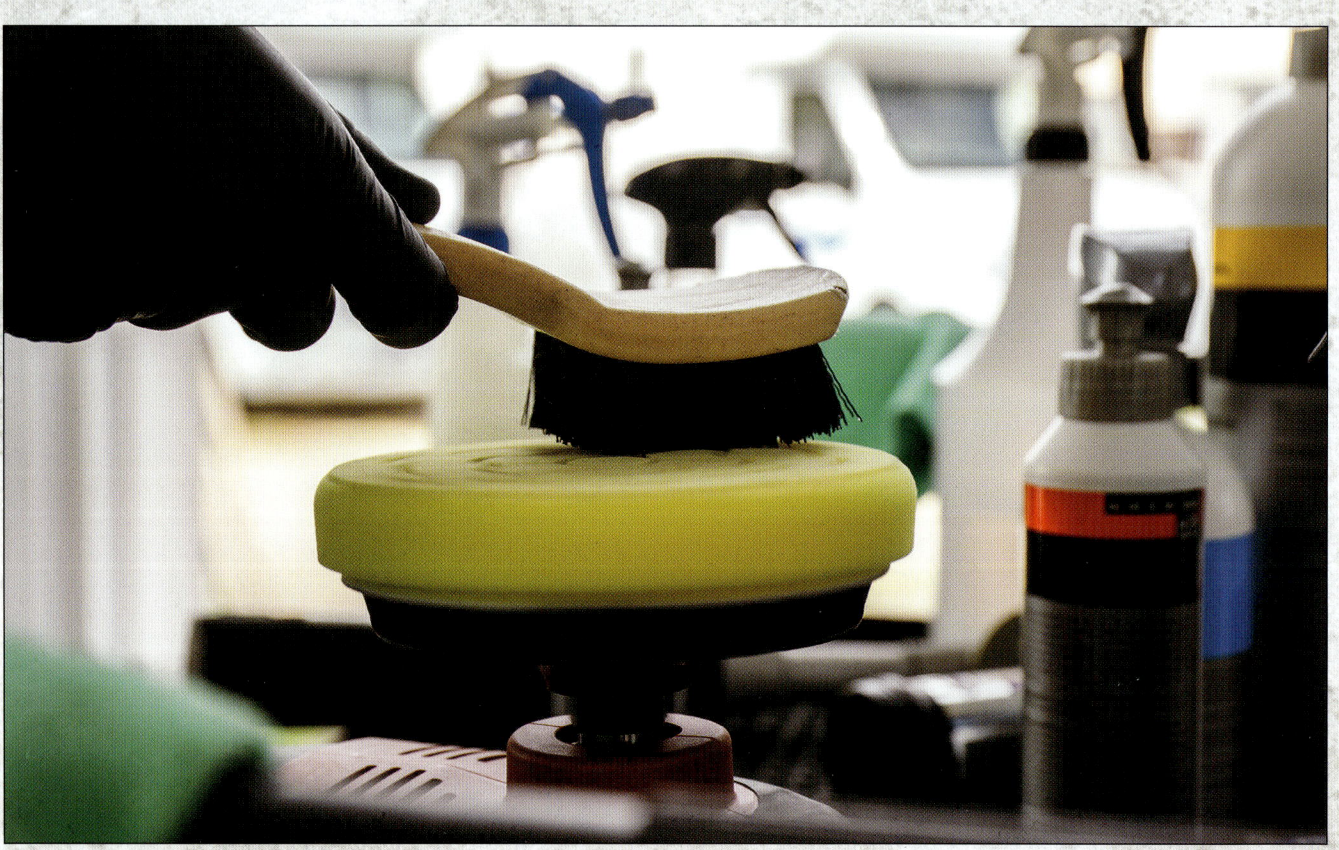

Während des Poliervorgangs muss das Pad regelmäßig gesäubert werden: Eine spezielle Bürste entfernt Schleifrückstände aus den Poren des Pad. Alternativ können die Politur- und Staubreste auch mit einer an einen Kompressor angeschlossenen Druckluft-Blaspistole aus dem Pad in einen aufgestellten Eimer geblasen werden.

Alles eine Frage der richtigen Haltung: Das Kabel der Poliermaschine wird über die Schulter gelegt, um Scheuerspuren auf der Lackoberfläche zu vermeiden.

Jetzt erfolgt auf Stufe 6 das so genannte „Ausfahren" der Politur, damit sich alle Polierkörner zerteilen und ein gutes Finish erreicht wird. Eine Politur ist ausgefahren, wenn nur noch ein glasiger Film zurückbleibt. Dann erfolgt die Abnahme der Politur mit einem kurzflorigen Mikrofasertuch. Wenn sich die Politur leicht abnehmen lässt, haben wir sie gut durchgefahren. Zur Endkontrolle des Ergebnisses reinigen wir die Teilfläche mit Kontrollreiniger, um zurückgebliebene Öle und andere Rückstände der Politur zu entfernen.

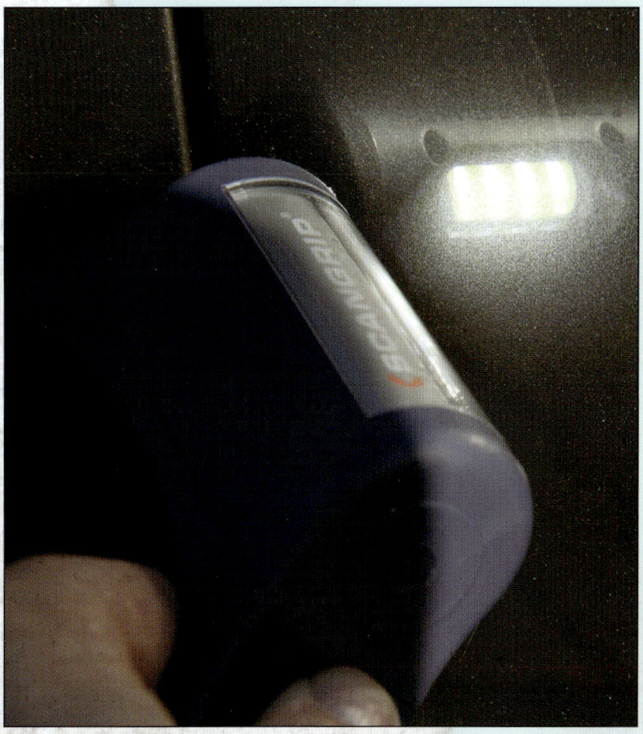

Viel und gutes Licht ist wichtig: Dieses Leitmotto gilt natürlich generell für den gesamten Arbeitsplatz, an dem das Fahrzeug poliert werden soll. Um auch zwischen den Politurdurchgängen die Fortschritte sehen zu können, sorgt eine LED-Hand- oder Stirnlampe mit kaltem Licht für eine gute und helle partielle Ausleuchtung.

(1) Typischer Lackschaden: An diesem VW Golf müssen Swirls beseitigt werden. Das Klebeband dient dazu, später besser einen Vergleich zwischen der behandelten und unbehandelten Fläche zu sehen.

(2) Das neue Pad wird zunächst mit 2 bis 3 Sprühstößen Conditioner (alternativ etwas Wasser oder Detailer) behandelt – so werden die Poren geöffnet, Trockenreibung verhindert und die Lebensdauer des Pad verlängert.

(3) Wenn der Lack so starke Alterserscheinungen aufweist wie hier, beginnen wir mit einer groben Schleifpolitur (Heavy Cut) für einen starken Abtrag. Vor Gebrauch die Politur gut schütteln.

(4) Weniger ist mehr: In der Regel sind 4 bis 5 erbsengroße Tropfen vollkommen ausreichend. Zu viel Politur ist reine Verschwendung.

(5) Bevor das Pad auf der Lackoberfläche angesetzt wird, verstreichen wir die Politur mit dem Finger. So wird Trockenreibung verhindert, weil sich die Politur schnell verteilen kann.

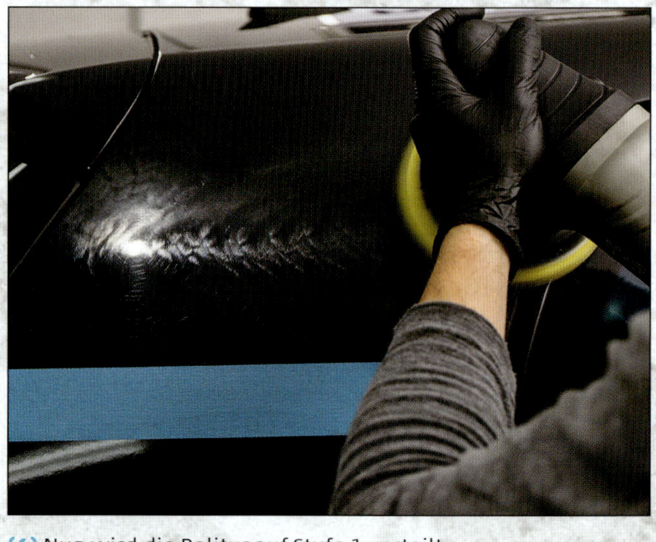

(6) Nun wird die Politur auf Stufe 1 verteilt.

(7) Das Verteilen der Politur erfolgt im Kreuzstrich.

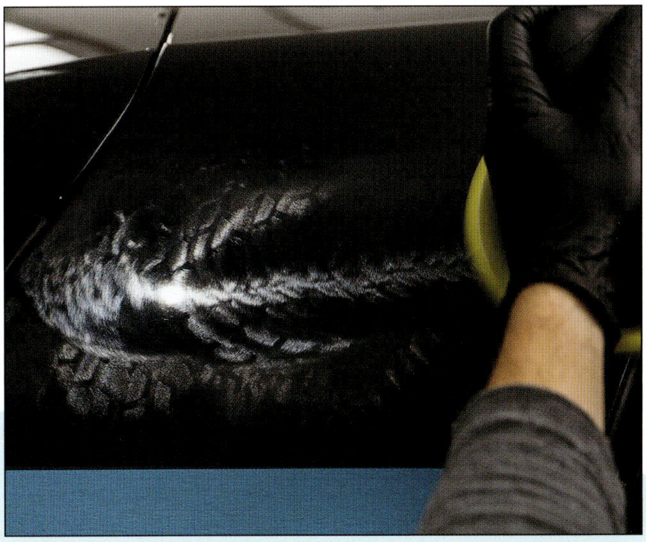

(8) Beim so genannten Kreuzstrich werden mehrere überlappende Bahnen waagerecht gefahren, …

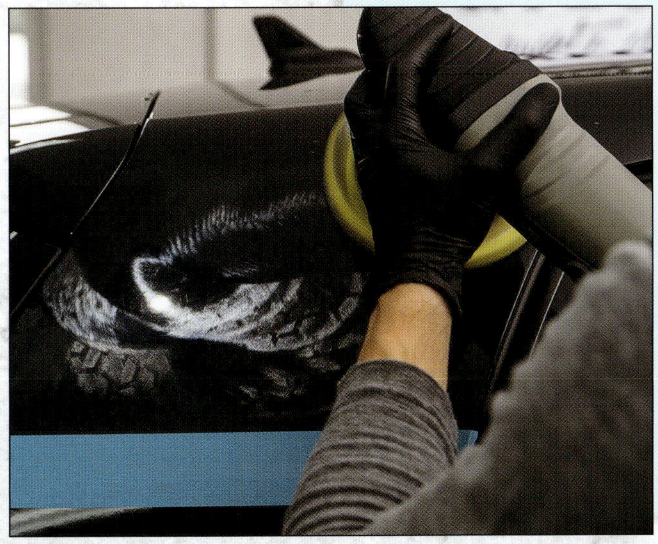

(9) … anschließend folgen mehrere überlappende Bahnen in senkrechter Richtung.

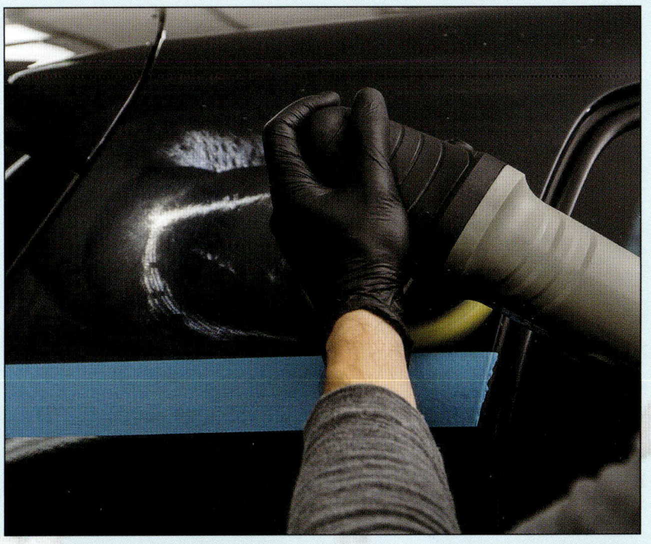

(10) Mit derselben Technik erfolgt ein Durchgang auf der Stufe 3 bis 4.

(11) Abschließend wird die Politur auf höchster Stufe „durchgefahren", bis nur noch eine glasige Schicht zu erkennen ist.

(12) Die Anzahl der Kreuzstrichdurchgänge ist in erster Linie abhängig von der Schwere des Lackschadens und der verwendeten Politur.

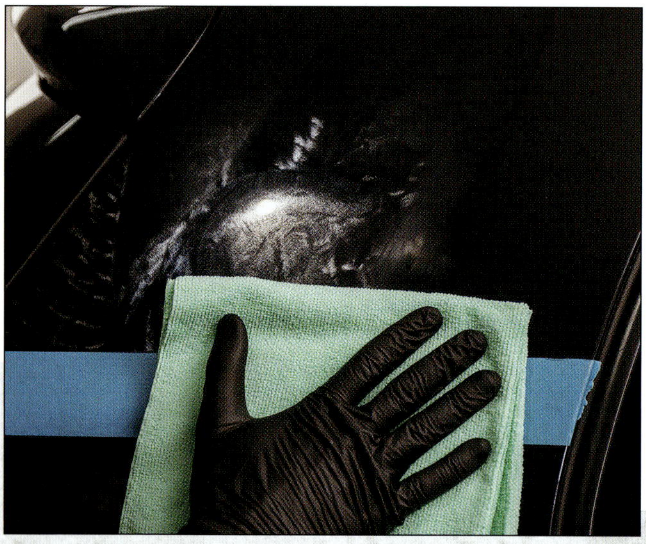

(13) Abschließend werden die Überschüsse mit einem kurzflorigen Mikrofasertuch abgenommen.

(14) Das Ergebnis nach diesem ersten Durchgang kann sich schon sehen lassen. Die Lackoberfläche ist nun bereit für die Behandlung mit der nächstfeineren Politur.

(15) Für den nächsten Durchgang mit der feineren Politur verwenden wir ein für diesen Schritt abgestimmtes Pad, das zunächst mit 2 bis 3 Sprühstößen Conditioner behandelt wird.

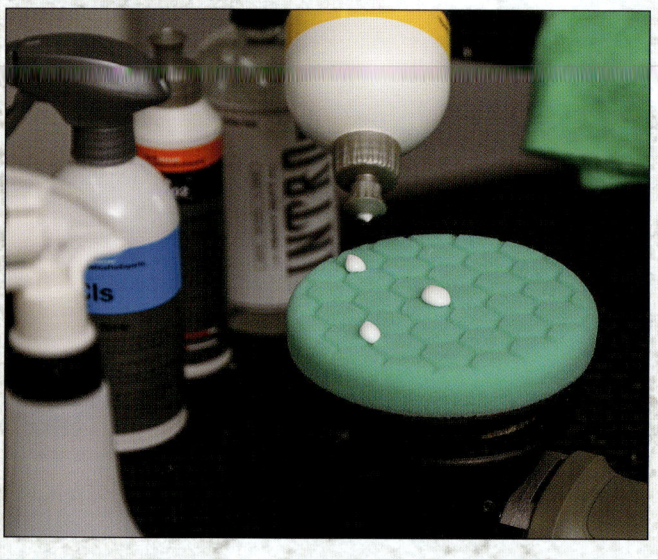

(16) Auch für diesen Schritt sind 4 bis 5 erbsengroße Tropfen die richtige Dosierung.

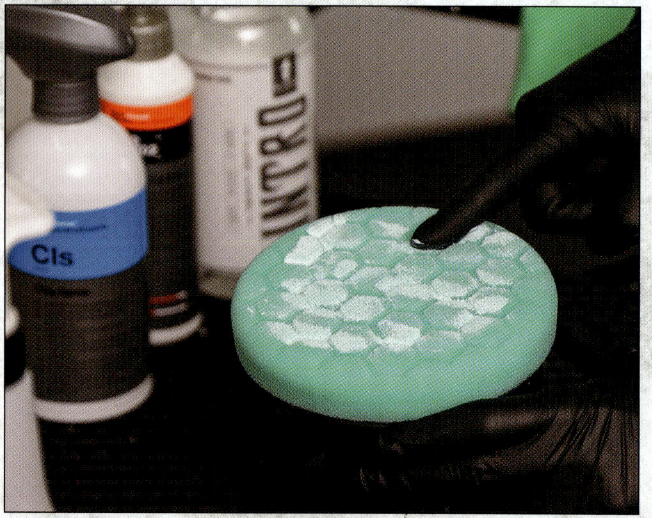

(17) Verstreichen der Politur auf dem Pad.

(18) Grobes Verteilen der Politur auf dem Lack: Bei ausgeschalteter Maschine wird das Pad auf die Oberfläche des zu bearbeitenden Teilstücks gedrückt.

(19) Auf Stufe 1 wird die Politur ebenfalls wieder im Kreuzstrichverfahren verarbeitet.

(20) Als Maß für die Überlappung hat sich der halbe Pad-Durchmesser bewährt.

(21) Dem Durchgang auf Stufe 3 bis 4 …

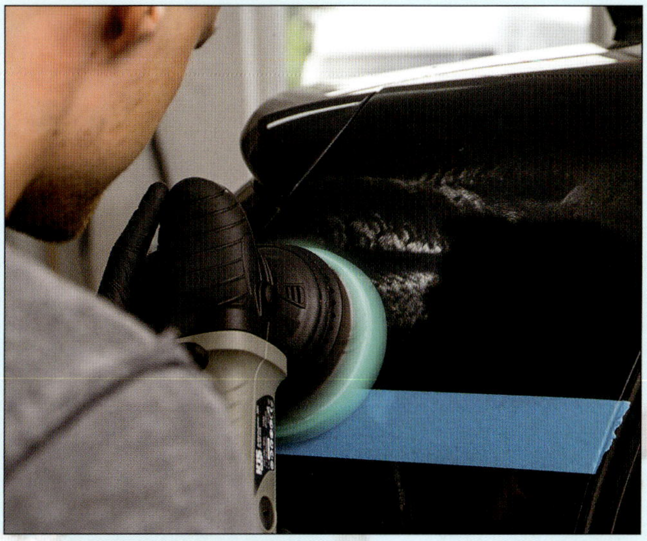

(22) … schließt sich der Durchgang auf Stufe 6 an, um die Politur durchzufahren.

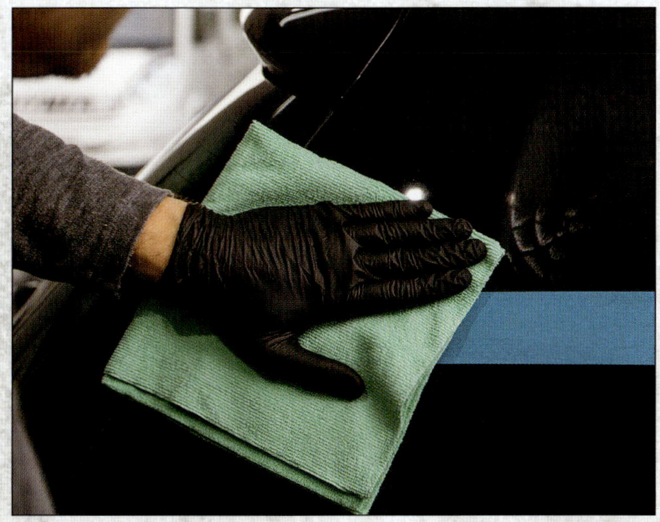

(23) Die Überschüsse werden wieder mit einem kurzflorigen Mikrofasertuch abgenommen.

(24) Als letzter Schritt erfolgt ein Durchgang mit einer Feinschleifpolitur, um den höchsten Glanzgrad zu erreichen.

(25) Hier kommt ein speziell für Hochglanzpolitur geeignetes, weiches Pad mit wenig Abtragleistung zum Einsatz. Vor dem ersten Gebrauch wieder etwas Conditioner verwenden.

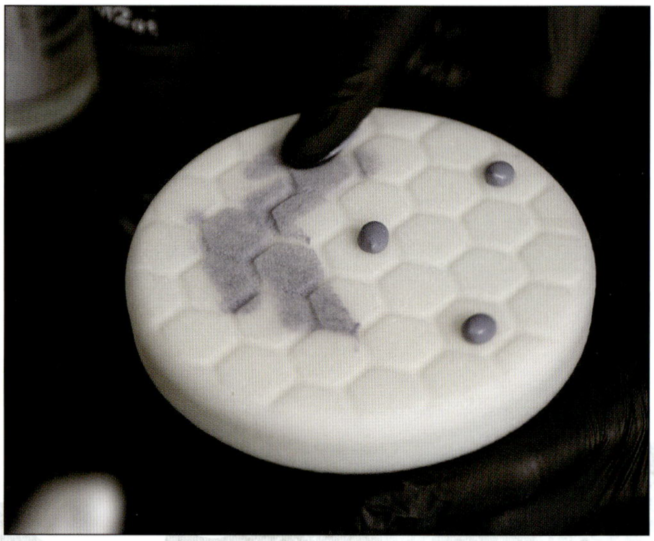

(26) Die Politur wird grob auf dem Pad verteilt, ...

(27) ... anschließend erfolgt der Auftrag auf dem Lack ...

(28) ... und das Verarbeiten im Kreuzstrich bei den verschiedenen Geschwindigkeiten (Stufe 1, 3 bis 4 und 6).

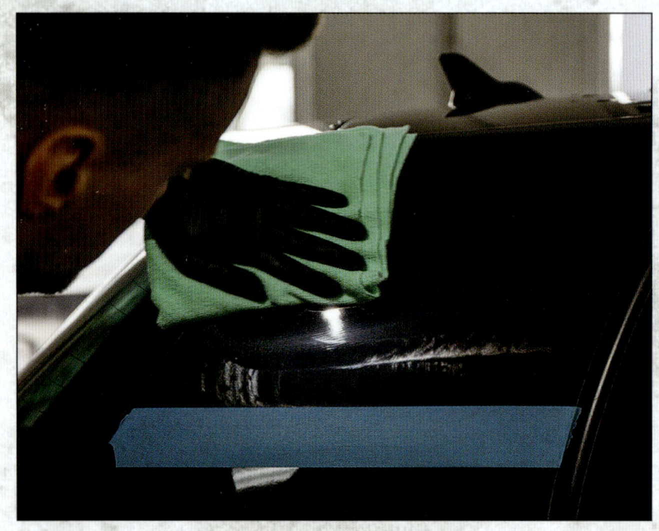

(29) Abschließend werden die Politurüberschüsse abgetragen.

(30) Der abschließende Vergleich zeigt einen sehr deutlichen Unterschied zwischen dem Ausgangszustand und dem Endergebnis.

Extremfall

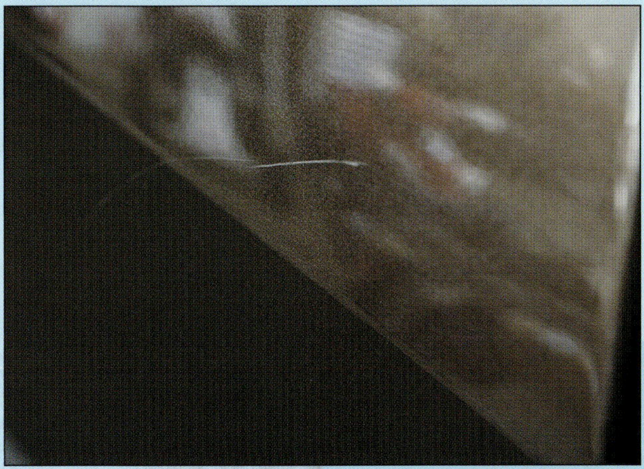

(1) Dieses Beispiel soll exemplarisch zeigen, was alles möglich ist: Auch solche extremen Kratzer können unter Umständen noch auspoliert werden. Allerdings ist diese Methode nur etwas Fortgeschrittene und Profis ...

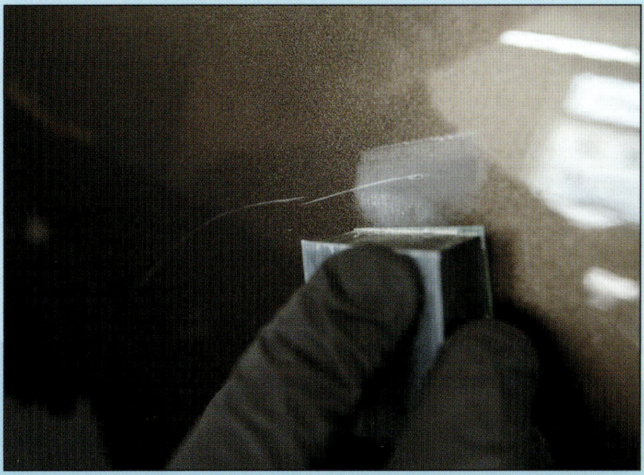

(2) Zunächst werden die Kanten der Beschädigung gebrochen und die umliegende Region geglättet. Den Schleifklotz dabei immer „auf Kante" halten, um einen möglichst kleinen Bereich zu bearbeiten.

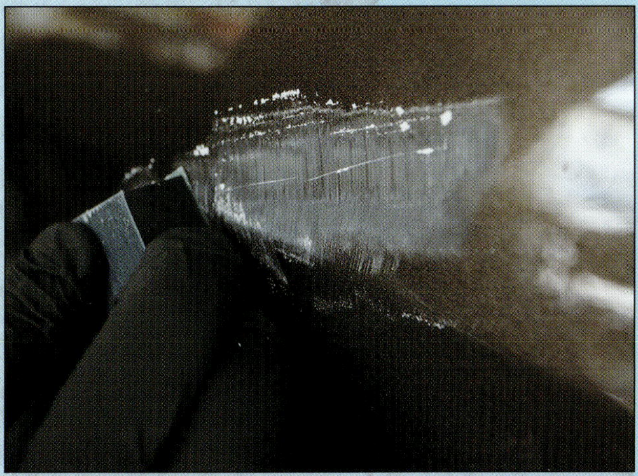

(3) Der Schleifklotz hat ca. eine 2500er Körnung. Vorteil bei dem Trockenschleifverfahren: Man sieht sofort den Abtrag. Zwischendurch wird der Schleifkotz auf einem Stück Stoff gesäubert.

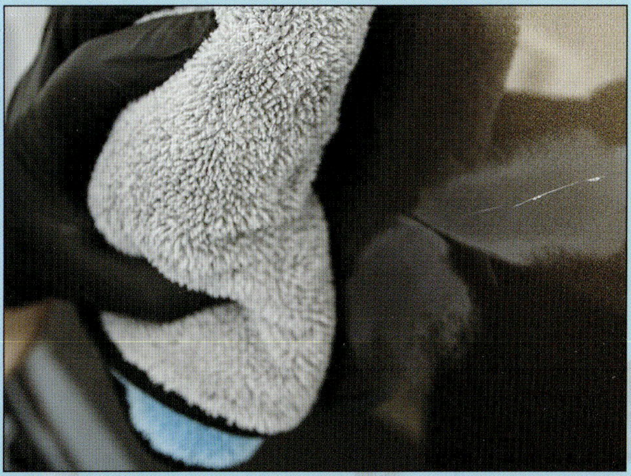

(4) Mit einem weichen MFT werden die Schleifrückstände entfernt.

(5) Anschließend erfolgt das Polieren mit Feinschleifpolitur. Für ein bestmögliches Ergebnis ist eine Rotationsmaschine hier die beste Wahl.

(6) Beeindruckendes Ergebnis: Politurreste werden mit einem weichen Mikrofasertuch entfernt – der Kratzer ist so gut wie verschwunden. Natürlich hat diese Technik auch ihre Grenzen ...

Problemstellen

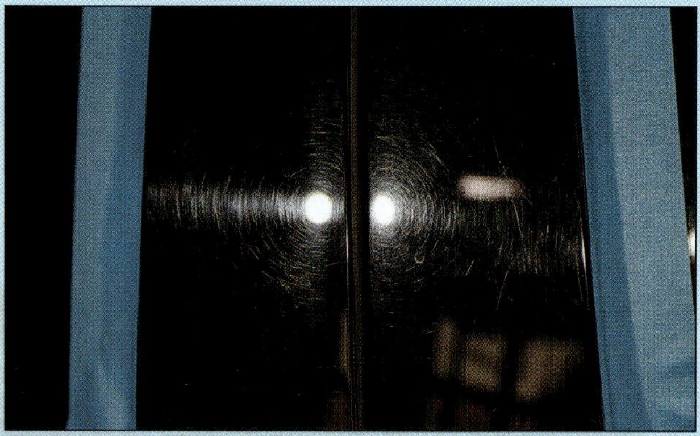

(1) Es gibt Bereiche am Fahrzeug, bei denen normale Poliermaschinen aufgrund ihrer Größe an Grenzen stoßen. Da ist der Einsatz von kleinen Geräten gefragt. Ein gutes Beispiel sind solche Hochglanzapplikationen.

(2) Nach dem Abkleben der angrenzenden Fläche wird die Feinschleifpolitur grob verteilt.

(3) Anschließend wird der Bereich mit derselben Arbeitstechnik poliert, wie im Fall der Lackflächen beschrieben.

(4) Wie bei dunklen Lacken generell, ist es auch hier vor der Abnahme der Überschüsse ratsam, die Polierstaubreste mit einem Staubwedel zu entfernen, um Kratzer zu vermeiden.

(5) Zuletzt werden mit einem kurzflorigen Mikrofasertuch die Überschüsse abgenommen. Anmerkung: Bei nur leichten Kratzern können diese Leisten auch mit einem Handpolierpuk bearbeitet werden.

Lackvorbereitung – Eine perfekte Basis für das Auftragen von Wachs, Versiegelung & Co.

Nachdem der Lack gewaschen, abgeknetet und poliert wurde, kann er nun für das Aufbringen eines Schutzes vorbereitet werden. Jetzt ist die Zeit gekommen, um die gesamte Lackoberfläche zu entfetten. Dieses Prozedere ist notwendig, damit die aufzutragenden Produkte auch die maximale Standzeit erreichen. Für diesen Schritt gibt es verschiedene Möglichkeiten und Mittel. Als einfachste und auch günstigste Variante hat sich hier Isopropanol (99,9-prozentiger Alkohol), der auch IPA genannt wird, bewährt. Diesen mischen wir im Verhältnis von 1:1 mit destilliertem Wasser; zum Beispiel 500 ml Isopropanol und 500 ml destilliertes Wasser in einer 1-Liter-Sprühflasche. Alternativ bietet sich hier auch an, auf fertige Mischungen zurückzugreifen, wie sie von unterschiedlichen Herstellern angeboten werden.

Im Anschluss an die Polierdurchgänge wird die ganze Lackoberfläche mit einem Isopropanol-Reiniger entfettet. Nun ist der Lack perfekt vorbereitet, um einen geeigneten Lackschutz aufzutragen.

Tipp:
IPA niemals unverdünnt anwenden, da sonst heftige Schlierenbildung die Folge ist.

Wir sprühen nun etwas vom IPA-Gemisch auf die Teillackfläche (ca. 60x60 cm) und verreiben den Auftrag mit einem weichen Mikrofasertuch. Eventuell vorhandene Überschüsse verdunsten schnell an der Luft. Auf diese Weise reinigen wir den gesamten Lack des Fahrzeugs und schaffen so eine absolut fettfreie Lackoberfläche.

Hinweis:
Eine heute nicht mehr so weit verbreitete Alternative stellen Glanzverstärker dar. Nach erfolgreicher Lackreinigung können mit diesen Produkten kleinste Unebenheiten im Lack aufgefüllt und geglättet werden (ähnlich wie bei einem Silikonprodukt). So kann in einigen Fällen das Polieren gespart werden. Allerdings sollte ein so behandelter Lack nur noch mit Wachs geschützt werden. Für das spätere Auftragen von Versiegelung und Coating ist der Glanzverstärker ungeeignet.

PERFEKTER LACKSCHUTZ

5

Perfekter Lackschutz

Wenn der Lack soweit vorbereitet ist, wie in den vorangehenden Kapiteln beschrieben, können wir nun festlegen, welcher Lackschutz unsere Ansprüche und Anforderungen am besten erfüllt. Aber welche Unterschiede gibt es zwischen einem **Wachs,** einer **Versiegelung** und einem **Coating?** Und aus welchen Gründen sollten wir den Lack überhaupt schützen? Und natürlich die wichtigste Frage: Welches Produkt ist für mein Fahrzeug das beste? Schließlich gibt es eine Vielzahl an unterschiedlichen Lackschutz-Produkten, die sich hinsichtlich Anwendung, Glanz und Standzeit stark unterscheiden.

Zunächst geht es jedoch darum, dass diese Produkte nicht der alleinige Grund für ein brillantes Aussehen oder perfekten Lack sind. Vielmehr ist das Maximum an Hoch- und Tiefenglanz das Resultat einer gelungenen Lackpolitur, sorgfältigen Vorarbeit und gründlichen Reinigung.

Sheeting beschreibt das Wasserablaufverhalten: Der Regen kann schnell abfließen und so hat auch der Schmutz keine große Chance, am Lack zu haften.

Und warum der ganze Aufwand? Lackschutz kann das gute Erscheinungsbild eines Fahrzeuges lange aufrechterhalten und verhindert Lackschäden, die von UV-Strahlen sowie Alltags- und Witterungseinflüssen verursacht werden. Darüber hinaus bleibt unser Auto länger sauber, weil Schmutzpartikel nicht

Mit Beading wird die Perlenbildung bzw. das Abperlverhalten bezeichnet: Viele kleine Tropfen sind perfekt.

Optimale, möglichst runde Tropfen: Je kleiner der Kontaktwinkel des Wassertropfens, desto schneller kann das Wasser ablaufen.

so gut auf der Oberfläche haften können. Und aus demselben Grund ist es übrigens auch einfacher zu waschen.

Sehen wir uns jetzt mal die 3 Lackschutzmethoden – **Wachs, Versiegelung** und **Coating** – etwas genauer an.

Wachs

Autowachs ist die einfachste Form von Schutz für eine Lackoberfläche, gleichzeitig sorgt es für den besten Glanz. Ein gutes Wachs mit einer hochwertigen Rezeptur gewährleistet eine Standzeit von 2 bis 3 Monaten. Angeboten werden unzählige Varianten und Ausführungen, in fester oder flüssiger Form. Grundsätzlich gilt: Je fester das Wachs, desto länger hält es auf dem Lack. Flüssiges Wachs lässt sich schneller verarbeiten, jedoch können Hartwachse – so genannte Pasten, englisch: Paste Wax – in Sachen Standzeit und Verbrauch klar punkten.

Das größte Unterscheidungskriterium zwischen den verschiedenen Produkten ist der Anteil und vor allem der Qualitätsgrad des Carnaubawachses. Dieses Wachs ist ein Naturprodukt, das aus der brasilianischen Carnaubapalme gewonnen wird. Es hat eine hohe Temperaturbeständigkeit und wirkt sich somit positiv auf die Standzeit aus. Dazu kommt die Verbesserung des Glanzes: So können bei einem Metallic-Lack einzelne Partikel (so genannte Flakes) förmlich hervorgehoben und das optische Erscheinungsbild wesentlich verbessert werden.

Abwechslung macht Spaß: Da ein Carnauba-Wachs keine chemische Verbindung mit der Lackoberfläche eingeht, kann es problemlos entfernt werden – so kann immer mal wieder ein neues Produkte ausprobiert werden.

Hinweis:

Es gibt keine Produkte, die aus 100 % Carnauba bestehen. Dafür ist das Wachs in seiner Grundform selbst viel zu hart, um es auf dem Lack zu verarbeiten. Mit der Angabe ist lediglich gemeint, dass keine anderen Wachse wie beispielsweise Bienenwachs in dem Produkt enthalten sind.

Wachs ist die erste Wahl für Anwender, die auf der Suche nach einem möglichst natürlichen Produkt und dem typischen Wet-Look sind: Hierbei sieht das Auto nach dem Wachsen stets aus, als wäre es noch nass, da die Oberfläche sehr stark glänzt und jede Kontur sowie Reflexion betont wird. Ein weiterer wichtiger Aspekt neben den Glanzeigenschaften ist das hervorragende Wasserabperlverhalten einer mit Wachs behandelten Oberfläche: Hier können Schmutzablagerungen weniger Halt auf der Oberfläche finden. Es gibt also viele Gründe, weshalb sich diese traditionelle Form des Lackschutzes weiterhin sehr großer Nachfrage erfreut.

Ein regelmäßiger Wachsauftrag – bei Daily Drivern empfehlen wir ca. 3 bis 4 Mal pro Jahr – ist sinnvoll, um einen konstanten Schutz der Oberfläche zu gewährleisten. Doch keine Sorge: Wachs kann sehr sparsam aufgetragen werden. Pro Anwendung benötigt man lediglich ca. 10 bis 15 ml bei einem flüssigen Wachs und ca. 10 bis 20 Gramm bei einem Wachs in Pastenform.

An dieser Stelle möchten wir noch kurz auf eine Sonderform des Wachses eingehen:

Neben der gründlichen Methode, Kratzer und andere Lackdefekte mit der Poliermaschine richtig und vollständig zu entfernen, gibt es auch die Möglichkeit, mit speziellen Produkten leichte Kratzer aufzufüllen und abzudecken. Diese Technik muss genannt werden, da sie speziell für den unerfahrenen Autoenthusiasten und Neueinsteiger in dieses Hobby interessant sein kann. Zumal diese Anwendungsmethode auch deutlich weniger zeitaufwändig ist als eine komplette (mehrstufige) Politur des Fahrzeugs. Technisch funktioniert speziell das kratzerabdeckende Wachs New Scratch Clear Wax von Soft99 so, dass die Kratzer mit Silikonöl aufgefüllt und zugleich ein Glanz auf den Lack aufgetragen wird. Hierbei können der Kreuzstrich aber auch kreisende Bewegungen ausgeführt werden, damit die Füllstoffe des Wachses in die Kratzer gelangen und diese abdecken. Nach dem Auftragen einfach etwaige Überschüsse mit einem Mikrofasertuch abnehmen. Die Standzeit beträgt – je nachdem, wie oft das Fahrzeug gewaschen wird – etwa 3 Monate.

Produkt	**R222 100% Carnauba Wachs**	**Meguiars Gold Class Carnauba Plus Wax**	**Neowax Carwax No.1**	**Soft99 Fusso Coat 12M**	**Gyeon Q² Mohs**
Glanz	****	****	***	***	****
Standzeit	**	**	**	****	*****
Beading	***	**	****	*****	****
Farbverstärkung	**	***	***	**	****

Die Übersicht zeigt die Vor- und Nachteile der unterschiedlichen Lackschutzprodukte: links stehen Wachse, rechts sind Versiegelung und Coating aufgeführt.

Der richtige Wachsauftrag

Nachdem man sich für ein Wachs entschieden hat, kann es jetzt losgehen: Dabei ist der richtige Auftrag besonders wichtig, um die volle Schutzwirkung zu erreichen. Im Optimalfall ist der Lack poliert und somit frei von Kratzern oder anderen Defekten. In diesem Fall waschen wir das Auto sehr gründlich und bearbeiten bei hartnäckigen Verschmutzungen die Oberfläche mit Reinigungsknete, damit der Lack frei von jeglichen Verschmutzungen ist.

Hinweis:

Der einzige Unterschied zu einer „normalen" Wäsche besteht in der Wahl des Shampoos. Hier kommt kein pH-neutrales Produkt zum Einsatz, sondern ein Shampoo mit einer pH-Zahl über 8. So entfernen wir möglichst alle noch vorhandenen Wachsreste.

(1) Wachs ist eine sehr schonende Art des Lackschutzes, auch wenn die Standzeit deutlich kürzer ist als bei einer Versiegelung. Dafür kann es bei tiefen Kratzern einfach entfernt werden.

(2) Mit einem weichen Applicator Pad wird das Wachs möglichst dünn im Kreuzstrichverfahren aufgetragen.

(3) Nach wenigen Minuten zeigt der Fingerwischtest, ob das Wachs komplett abgelüftet ist und die Überschüsse können dann mit einem weichen Mikrofasertuch abgenommen werden.

(4) Der große Vorteil von Wachs als Lackschutz besteht darin, dass der Glanzgrad des Lacks verstärkt wird.

Der letzte Schritt vor dem Wachsauftrag sollte die Reinigung mit Isopropylalkohol (IPA) und/oder einem Precleaner sein.

Wachs kann insbesondere bei unlackierten Kunststoffteilen Flecken verursachen. Hier sollte man besonders vorsichtig sein oder die entsprechenden Kunststoffteile abkleben. Scheinwerfer sind hiervon nicht betroffen und können bedenkenlos gewachst werden. Das verhindert ein Ausbleichen bzw. Vergilben der Scheinwerfer.

Wenn der Lack vollständig getrocknet ist, beginnen wir mit dem Auftragen des Wachses. Mit einem Applicator Pad (Schaumstoff oder Mikrofaser) tragen wir das Produkt im Kreuzstrich auf – und zwar sehr dünn! Und hier ist auch schon einer der häufigsten Fehler, den viele Einsteiger aber auch Fortgeschrittene machen. Wir erinnern uns an das Leitmotto in der Autopflege (Ausnahme: Gleitmittel beim Anwenden von Reinigungsknete): Weniger ist mehr! Dieser Merksatz beweist besonders beim Auftragen von Wachs seine absolute Richtigkeit. Ein ganz dünner Materialauftrag ist vollkommen ausreichend. Zu viel Überschuss ist reine Materialverschwendung und zudem erschwert ein zu dicker Wachsauftrag den Abtrag.

Wir arbeiten uns jetzt Abschnittsweise vor, dabei beachten: Niemals einen zu großen Teil oder gar das ganze Fahrzeug einwachsen. Während das Wachs auf dem ersten Abschnitt ablüftet, können wir auf dem zweiten Bereich bereits mit dem Auftragen beginnen. Anschließend wenden wir uns wieder der zuvor behandelten Fläche zu und kontrollieren, ob das Wachs abgelüftet ist. Je nach Außentemperatur, Lacktemperatur und Wachs dauert das Ablüften ca. 2 bis 15 Minuten (siehe Produktbeschreibung auf der Rückseite des Autowachses). Als Kontrolle ist der Fingerwischtest eine einfache Möglichkeit, um zu sehen, ob ein auf den Lack aufgetragenes Wachs ausreichend abgelüftet ist und abgetragen werden kann. Hierzu streichen wir an einer Stelle leicht mit der Fingerkuppe über das aufgetragene Wachs. Nun gibt es verschiedene Möglichkeiten, wie sich das Wachs dabei verhält.

- Wenn das Wachs ganz frisch aufgetragen wurde und wir den Fingerwischtest machen, „verschieben" wir die Wachsschicht und sehen eine deutliche Schliere an der Teststelle.

- Wenn das Wachs bereits etwas, aber noch nicht ausreichend abgelüftet ist, bleibt ein leichter Schleier auf dem Lack zurück.
- Wenn das Wachs vollständig abgelüftet ist, „schieben" wir nur noch die abzutragenden Wachsreste auf dem Lack von einer Stelle zur nächsten. Der Bereich, an dem wir mit dem Finger waren, ist dann komplett frei und kein Wachs mehr zu sehen.

Nun erfolgt der Wachsabtrag mit einem weichen Mikrofasertuch, dazu fahren wir langsam in Bahnen möglichst sanft über den Lack.

Reinigung und Pflegehinweis

Ein gewachstes Auto sollte möglichst regelmäßig nach der Autowäsche mit einem Detailer behandelt werden, damit wir die volle Standzeit des Wachses erzielen. Durch die mechanische Einwirkung der Handwäsche wird das Wachs angegriffen und jedes Mal auch ein wenig abgetragen.

Um die Wachsschicht nicht zusätzlich einer chemischen Belastung auszusetzen, verwenden wir bei der Wäsche ein pH-neutrales Shampoo. Hier können auch Produkte mit Wachsanteilen genutzt werden.

Versiegelung

Im Gegensatz zu Wachsen sind Lackversiegelungen synthetisch hergestellt und zeichnen sich durch eine wesentlich längere Standzeit aus. Im Allgemeinen lassen sich Versiegelungen sehr einfach auftragen, wobei es Produkte gibt, die sich besonders für Einsteiger empfehlen, und andere, die empfindlich auf Luftfeuchtigkeit oder Temperaturen reagieren und deren Verarbeitung deshalb etwas Erfahrung verlangen.

Bei Versiegelungen legt sich die aufgetragene Schicht nicht bloß auf die Oberfläche, sondern geht eine chemische Vernetzung mit der Lackoberfläche ein. Daraus resultierend ergibt sich eine deutlich längere Standzeit, je nach Hersteller von 12 Monaten und mehr. Der Glanzgrad wirkt eher hart und kalt. Die Tröpfchenbildung (Beading) ist bei den meisten Versiegelungen nicht so stark ausgeprägt wie es bei einem natürlichen Wachs der Fall ist. Vielmehr sorgen gute Versiegelungen für ein ausgeprägtes Sheeting, also das schnelle Ablaufen des Wassers, und hinterlassen eine nahezu trockene Oberfläche.

Neben der Standzeit haben synthetische Versiegelungen einen entscheidenden Vorteil gegenüber natürlichen Produkten: Sie sind resistenter gegen Umwelteinflüsse oder starke Reiniger. Vogelkot

Es gibt Sprühversiegelungen, die auf das noch nasse Auto aufgetragen und dann mit Wasser abgesprüht werden. Anschließend wird das Fahrzeug mit einem weichen Tuch abgetrocknet.

hinterlässt selbst auf empfindlichen Oberflächen nicht so schnell Beschädigungen, wie es bei ungeschützten Flächen der Fall ist. Darüber hinaus las-

Schöne kleine Wasserperlen sorgen dafür, dass das Wasser schnell vom Lack ablaufen kann.

sen sich versiegelte Fahrzeuge einfacher reinigen und verschmutzen nicht ganz so schnell erneut. Ein wichtiger Aspekt ist jedoch der Arbeitsschutz (Handschuhe, Atemmaske), da manche Versiegelungen Inhaltsstoffe beinhalten, die sich bei regelmäßiger Anwendung negativ auf die Gesundheit auswirken können.

Aufgrund der chemischen Vernetzung, die eine Versiegelung mit der Lackoberfläche eingeht, sollte die Oberfläche absolut sauber und frei von Fetten oder Verschmutzungen sein (siehe auch Kapitel 3).

Auftragen der Versiegelung

Egal, ob wir ein Wachs oder eine Versiegelung aufbringen: Bei jeder Art von Lackschutz sind die Arbeitsschritte und Vorgehensweisen im Prinzip gleich. Ausgangsbasis ist ein absolut kratzerfreies, sauberes Fahrzeug. Dazu orientieren wir uns einmal wieder am Detailing Flow Chart: Das Fahrzeug muss gründlich gewaschen werden und hartnäckige Verschmutzungen werden mit Reinigungsknete beseitigt.

(1) Eine Versiegelung unterscheidet sich von einem Wachs durch die Beimischung synthetischer Bestandteile.

(2) Mit einem weichen Applicator Pad nehmen wir etwas von dem Produkt auf.

(3) Dabei genügt auch schon eine sehr kleine Menge.

(4) Nun kann das Produkt im Kreuzstrichverfahren aufgetragen werden: Zuerst fahren wir in waagerechten Bahnen über den Lack, ...

(5) ... anschließend in senkrechten Bahnen. Jetzt braucht die Versiegelung ein paar Minuten zum Ablüften.

(6) Der Fingerwischtest zeigt an: Die Versiegelung ist abgelüftet und kann abgenommen werden.

(7) Ein weiches Mikrofasertuch nimmt die Überschüsse auf und sorgt für eine glatte Oberfläche.

(8) Die linke – behandelte – Fläche zeigt ein sehr schönes Beading, während sich auf der unbehandelten Lackoberfläche große Wasserlachen bilden.

Anschließend erfolgt die Begutachtung des Lackzustands und die Beseitigung der Lackschäden mit einer – bei Bedarf mehrstufigen – Politur, sodass wir eine absolut glatte Oberfläche haben. Bevor wir nun eine Versiegelung auf den so perfekt vorbereiteten Lack auftragen können, müssen wir die Oberfläche nochmal gründlich reinigen und entfetten. Wie diese Schritte im Einzelnen aussehen und was dabei zu beachten ist, haben wir in den vorangegangenen Kapiteln ausführlich beschrieben.

Hinweis:
Einziger Unterschied zu einer „normalen" Wäsche besteht in der Wahl des Shampoos. Hier kommt kein pH-neutrales Produkt zum Einsatz, sondern ein Shampoo mit einer pH-Zahl über 8. So entfernen wir schon einmal möglichst viele alte Lackschutzreste. Bei einigen Versiegelungen kann allerdings eine Politur unumgänglich sein, um sie vom Lack zu entfernen und im Anschluss eine neue Versiegelung auftragen zu können.

Bevor wir aber beginnen, die Versiegelung auf das vorbereitete Fahrzeug aufzutragen, sollten wir uns zunächst mit dem richtigen Arbeitsschutz ausstatten: Schutzbrille und Handschuhe sind selbstverständlich! Außerdem sollten Ketten, Uhren, Ringe und Gürtel mit großen Schnallen bei allen Arbeiten rund ums Auto grundsätzlich abgelegt werden. So ausgerüstet, können wir mit dem Auftragen der Versiegelung auf dem Autolack anfangen.

Hinweis:
Das Auto sollte möglichst nicht in der Sonne stehen und die Lackoberfläche sollte unter keinen Umständen heiß oder nass sein, da viele Versiegelungen zu schnell antrocknen oder empfindlich auf Feuchtigkeit reagieren.

Grundsätzlich gilt bei der Verarbeitung einer Versiegelung: Weniger ist mehr! Auch wenn man an einzelnen Stellen nicht viel vom Auftrag einer Versiegelung sieht, so ist eine sparsame Anwendung des Produktes sehr wichtig. Spätestens beim Abtrag wissen wir, warum das so ist …

Hinsichtlich der detaillierten Anwendung empfehlen wir, die Angaben des jeweiligen Herstellers zu beachten. Ablüftzeit, Menge und Verarbeitung hängen von vielen Faktoren, wie Außentemperatur, Luftfeuchtigkeit sowie den Inhaltsstoffen, ab.

Der Fingerwischtest (siehe auch Abschnitt „Der richtige Wachsauftrag") hilft dabei zu beurteilen, ob ein Produkt ausreichend abgelüftet ist und abgetragen werden kann. Nach der Einwirkzeit hilft ein Mikrofasertuch mit mittellangen Fasern beim Auspolieren. Wichtig dabei ist, dass kein starker Druck ausgeübt wird, um so neue Beschädigungen in Form von Kratzern zu vermeiden. Nach der Verarbeitung sollte das Fahrzeug einige Tage nicht gewaschen werden, um Wasserflecken vorzubeugen.

Reinigung und Pflege

Falls Ihr Euer Auto mit einer Versiegelung geschützt habt, solltet Ihr dies bei der Wahl des Shampoos und Detailers berücksichtigen. Wachshaltige Produkte können Schlieren hinterlassen und die Leistung der Lackversiegelung beeinträchtigen. Optimal sind pH-neutrale Mittel ohne Zusätze oder Produkte mit synthetischen Versiegelungsanteilen. Eine Auswahl unserer Favoriten haben wir im Kapitel 16 zusammengestellt.

Für die regelmäßige Pflege eines mit einem Hybridwachs versiegelten Autos empfiehlt sich ein synthetischer Detailer. Als Shampoo eignet sich auch hier wieder ein sanftes pH-neutrales Shampoo, um die Carnaubawachsanteile nicht anzugreifen und vom Lack abzutragen.

Tipp:
Ein Hybridwachs ist die Mischung aus einem natürlich Carnaubawachs und einer Versiegelung; hier wird versucht, die Vorteile beider Mittel zu kombinieren.

Coatings

Coatings werden weitläufig als eine Art Weiterentwicklung von Versiegelungen verstanden. In vielen Foren und Beiträgen werden Coatings als „Keramik-Versiegelung" oder „keramische Beschichtungen" bezeichnet. Coating ist also der Überbegriff für verschiedene Produkte. Alle Produkte haben eins gemeinsam: Sie gehen eine Verbindung mit dem Lack ein. Coatings basieren auf komplexen chemischen Verbindungen wie Siliziumdioxid oder Siliziumcarbid und Lösungsmitteln. Der Vorteil ist ganz klar die enorm lange Standzeit, die durchaus 12 bis 36 Monate und 10.000 bis 30.000 Kilometer betragen kann.

Möglich wird diese Lebensdauer, weil die Oberflächenbeschaffenheit des Lackes durch ein Coating verändert wird – das bedeutet gleichzeitig weniger Pflegeaufwand, da Schmutz nicht mehr so gut am Lack anhaften kann. Grundsätzlich kann man selbst Coatings noch einmal in 2 Kategorien einteilen:

Es gibt Keramik-Versiegelungen, deren Hauptmerkmal der mechanische Schutz ist. Diese Art des Lackschutzes sollte in mehreren Schichten aufgetragen werden. Eine Keramik-Versiegelung zeichnet sich durch ein sehr gutes Wasserablaufverhalten (Sheeting) aus, das Beading hingegen ist im Vergleich mit einem Carnaubawachs nicht besonders ausgeprägt.

Daneben gibt es Coatings, die Oberflächen zu einem sehr starken Beading verhelfen. Dieser kosmetische Effekt des Lackschutzes bringt den Vorteil, dass Wasser sowie lose Schmutzpartikel schnell ablaufen, jedoch ist der Schutz vor Beschädigungen auf der Lackoberfläche nicht so groß wie bei der ersten Art von Coatings. Bislang ist es der Industrie nicht gelungen, maximalen mechanischen Schutz und perfektes Abperlverhalten bei gleichzeitig einfacher Anwendung in einem Produkt zu vereinen. Daher bieten viele Hersteller von Coatings ein 2-Komponenten-System an. Zunächst wird die Beschichtung aufgetragen, die idealerweise mit 2 bis 3 Schichten für maximalen Schutz sorgt. Anschließend wird ein Topping aufgetragen, das für den gewünschten hydrophobischen Effekt sorgt. Ein Beispiel wäre das Nanolex BaseCoat in Kombination mit dem Si3d, Gyeon Mohs+ oder DuraFlex sowie Gtechniq Crystal Serum Light + Exo V4.

Erleichtert die Autopflege besonders zur kalten Jahreszeit: Das pH-neutrale Shampoo Gyeon Q^2M Bathe+ Shampoo reinigt zuverlässig und sorgt mit den SiO_2-Anteilen für eine stark wasserabweisende Schutzschicht nach der Wäsche.

Die Verarbeitung ist im Vergleich zu einem Wachs oder einer „einfachen" Versiegelung relativ schwierig und erfordert vor allem Sorgfalt. Dafür wird man mit einem jahrelangen Schutz belohnt, der sämtlichen Chemikalien oder Umwelteinflüssen zuverlässig standhält. Insbesondere in Regionen mit wechselhaftem Wetter und relativ viel Niederschlag, wie es in Deutschland ja durchaus gerne einmal der Fall sein kann, haben sich Coatings mittlerweile etabliert und bieten im Hinblick auf die schützenden Eigenschaften viele Vorteile gegenüber natürlichem Wachs, das meist nur einige Woche wirklich beständig ist.

Hinweis:

Keramikversiegelungen haben oft eine pH-Verträglichkeit von 2 bis 11 auf der pH-Skala. Das heißt, wir können bedenkenlos einen alkalischen Insektenentferner oder auch einen starken Flugrostentferner für die Lackreinigung nutzen. Ein weiterer Vorteil der pH-Verträglichkeit ist die Robustheit gegenüber stark saurem Vogelkot.

Ebenfalls gibt es Coatings für folierte und matt lackierte Fahrzeuge. Aber Achtung: In allen (!) Anwendungsfällen ist unbedingt zu kontrollieren, ob beim Hersteller eine Freigabe für den jeweiligen Anwendungszweck vorliegt.

Die Farbe wird durch den zusätzlichen Schutz leicht abgedunkelt oder intensiviert, jedoch ist der Schutz ebenfalls deutlich langlebiger als bei klassischen Versiegelungen oder natürlichem Wachs. Auch glanzfolierte Fahrzeuge können generell mit einer Keramikversiegelung geschützt werden.

Wer sich für ein Coating als idealen Lackschutz entscheidet, der muss beachten, dass Coatings erst nach bis zu 7 Tagen vollständig ausgehärtet sind (Grund: veränderte Oberflächenbeschaffenheit). In den ersten 24 Stunden nach Auftrag reagieren Beschichtungen auf Siliziumdioxid-Basis besonders empfindlich auf Wasser. Erklärung: Wasser trägt dazu bei, dass die Moleküle sofort reagieren und ihre Struktur verändern. Eine Autowäsche oder Fahrt durch starken Regen unmittelbar nach dem Auftrag eines Coatings, kann die Leistung (Standzeit) negativ beeinflussen und Wasserflecken hervorrufen. Viele Hersteller bieten daher eine Sprühversiegelung als „Opferschicht" an, da man sein Fahrzeug in den wenigsten Fällen eine ganze Woche lang stehen lassen möchte oder kann. Ein reines Carnaubawachs kann ebenfalls nach dem Auftrag eines Coatings verwendet werden, damit das Coating genügend Zeit hat, um vollständig auszuhärten und alle Lösemittel ablüften können.

Tipp:
Um den Aushärtungsprozess zu beschleunigen, können wir einen Infrarotstrahler einsetzen.

Verarbeiten von Coatings

Bevor wir beginnen, eine Keramikversiegelung auf das vorbereitete Fahrzeug aufzutragen, müssen wir uns zunächst mit dem richtigen Arbeitsschutz ausstatten: Schutzbrille, Atemmaske und Handschuhe sind hier selbstverständlich!

So vorbereitet, können wir nun mit dem Auftragen des Coatings auf den Autolack beginnen. Die meisten keramischen Versiegelungen werden mit einem festen Pad ausgeliefert, auf das wir uns ein weiches Suede- bzw. Wildleder-Tuch legen. Dieses Tuch benetzen wir mit nur wenigen Tropfen der Versiegelung und tragen diese dann im Kreuzstrich auf den Lack auf. Die Überschüsse einer keramischen Versiegelung müssen meist schon nach nur wenigen Sekunden direkt wieder vom Lack abgetragen werden, andernfalls bleiben sie auf der Oberfläche zurück und müssen dann sehr aufwändig entfernt werden. Zum Abtragen nehmen wir ein kurzfloriges Mikrofasertuch oder aber auch ein Suede-Tuch. Die exakte Verarbeitung erklärt in der Regel die Anleitung des Herstellers, da jedes Coating in der Zusammensetzung und somit auch der Ablüftzeit variiert.

Wie beim Wachsauftragen und bei Versiegelungen gilt auch für Coatings: Die Lackoberfläche sollte frei von jeglichen Defekten oder Schmutzpartikeln sein. Nach dem Poliervorgang hilft ein starker Reiniger wie Isopropanol (IPA), die letzten Reste, Staubkörner oder Fette zu beseitigen.

Generell sollte man das Coating in geeigneter Umgebung auftragen. Eine geschlossene Garage verhindert, dass Insekten, Pollen oder Ähnliches auf die saubere Lackoberfläche gelangen und das Ergebnis verschlechtern. Außerdem sollte auf eine gute Beleuchtung geachtet werden, um vor-

(1) Das Auftragen eines Coatings ist in der Regel etwas aufwändiger: Sorgfältiger Umgang, Einhalten der Verarbeitungshinweise und eine gut ausgeleuchtete Garage sind absolut empfehlenswert.

(2) Nachdem der Lack mit einer Politur auf den anstehenden Auftrag des Coatings vorbereitet wurde, ...

(3) ... erfolgt der finale Reinigungsdurchgang mit Isopropanol, ...

(4) ... um die Lackoberfläche zu entfetten.

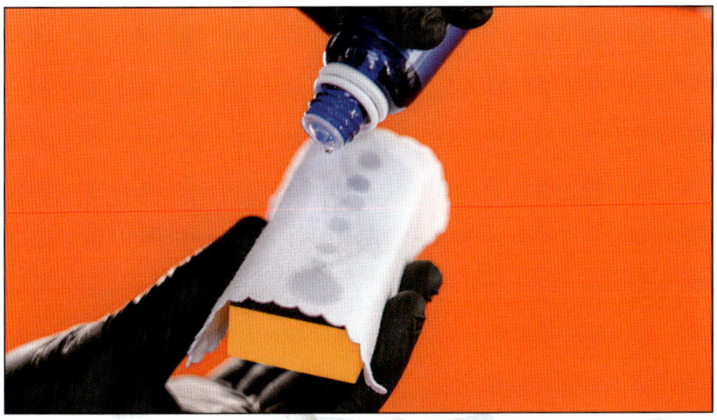

(5) Über einen Applikator mit weicher Schaumseite wird ein weiches Tuch gelegt. Wenige Tropfen reichen vollkommen aus, um einen größeren Lackbereich mit dem Produkt zu benetzen.

(6) Um das Coating auf alle Bereichen des Lacks gleichmäßig zu verteilen, wird der Lackschutz im Kreuzstrichverfahren aufgebracht.

(7) Dabei muss darauf geachtet werden, dass der Auftrag nur sehr dünn erfolgt, …

(8) … sonst ist das Abtragen der Überschüsse mit einem weichen Mikrofasertuch sehr anstrengend – abgesehen davon, dass bereits sehr wenig Produkt für einen langanhaltenden Schutz ausreicht.

handene Überschüsse gut zu erkennen und schnell beseitigen zu können. Die meisten Produkte haben eine Verarbeitungstemperatur von 15 bis 30 °C. Nur unter diesen Bedingungen (defektfreie und saubere Oberfläche, richtige Umgebungstemperatur) kann die Versiegelung eine korrekte Bindung mit dem Lack eingehen, richtig ablüften und eben eine hohe Standzeit erreichen

Beim Auftragen von mehreren Schichten sollte die Herstellervorgabe zwingend beachtet werden, um vorherige Schichten nicht zu beeinträchtigen.

Coatings können auch mit Hilfe einer Exzenterpoliermaschine verarbeitet werden. Der Vorteil liegt in der besonders gleichmäßigen Verteilung und einem sparsamen Auftrag. Wir empfehlen diese Methode erfahrenen Anwendern und bevorzugen selbst eher den Auftrag per Hand.

Im Durchschnitt genügen bereits 30ml für den Auftrag von 2 bis 3 Schichten auf einem Fahrzeug der Mittelklasse.

Hinweis:
Zur Versiegelung von Glasoberflächen raten wir zu speziellen Glasversiegelungen, die eine besondere Rezeptur aufweisen.

Tipp:
Sollte nach der Anwendung noch ein Rest in der Flasche übrig sein, können die Produkte über mehrere Monate gekühlt gelagert werden, um sie später noch einmal einzusetzen. Alternativ können natürlich auch Kunststoffteile oder Felgen mit dem Coating behandelt werden.

Der relativ mühevolle Auftrag und die aufwändige Vorarbeit werden belohnt durch extrem lange Standzeit sowie den maximalen Schutz, den es derzeit auf dem Markt gibt. Für die regelmäßige Handwäsche sollte das vom Hersteller eigens für die Versiegelung empfohlene Shampoo benutzt werden, damit die größtmögliche Standzeit erreicht werden kann (z. B.: von Gyeon das Shampoo „Q^2M Bathe+“).

Coatings sind zwar in der Regel in der Handhabung etwas aufwändiger als andere Lackschutzprodukte, dass es aber auch einfach gehen kann, zeigt Gyeon mit seinem Q² CanCoat. Die Vorbereitungen bestehen dabei aus denselben Schritten wie bei anderen Lackschutzarten: Die durch Waschen und Polieren vorbereitete Lackoberfläche wird mit einem IPA-Reiniger entfettet.

Überschüsse des Reinigers werden mit einem kurzflorigen Mikrofasertuch abgenommen.

Nach dem gründlichen Schütteln der Flasche wird mittels Pumpsprayer etwas Produkt auf ein sauberes Mikrofasertuch gesprüht …

... und dünn verteilt. Nach kurzer Trockenzeit ...

... werden die Reste der Versiegelung mit einem weichen Tuch abgewischt, bis der Lack glänzt. In Gegensatz zu anderen Versiegelungen intensiviert CanCoat den Glanz erheblich und sorgt besonders bei dunklen Lacken für gesteigerten Tiefenglanz.

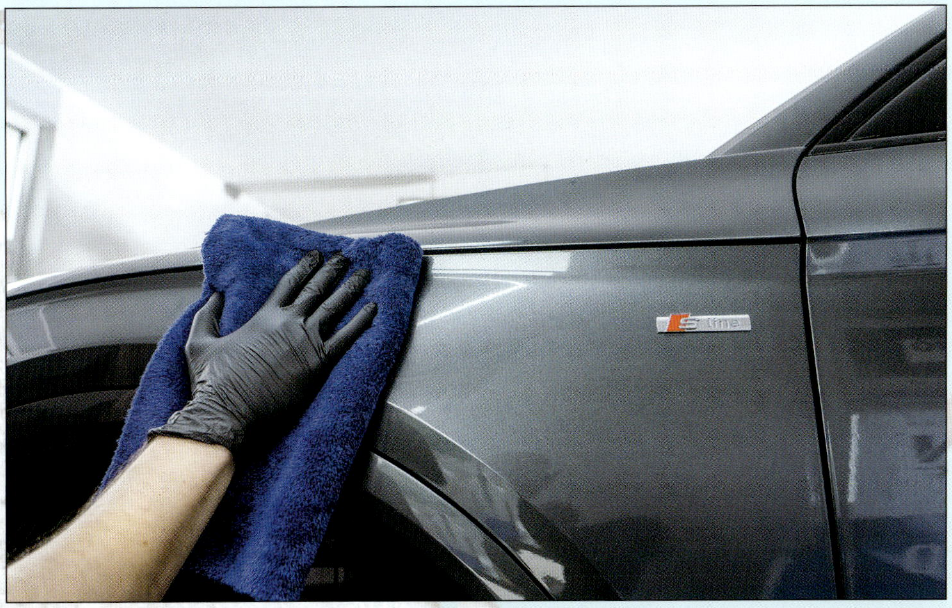

Kontaktwinkel der Wassertropfen von über 100°: Diese Versiegelung basiert auf SiO_2 und ist deshalb stark wasserabweisend. Die Standzeit beträgt 12 Monate bzw. 15.000 Kilometer.

Wachs		Versiegelung		Coating	
Vorteil	**Nachteil**	**Vorteil**	**Nachteil**	**Vorteil**	**Nachteil**
Glanzgrad	Standzeit	Standzeit	Preis	Standzeit	Preis
Preis		Einfach zu entfernen		Schwer vom Lack zu entfernen	Geringer Glanzgrad
Einfach zu entfernen		Häufig sehr einfach anzuwenden			
		Kann häufig geschichtet werden	Toppings auf dem Lack halten nicht gut/lange	Kann häufig geschichtet werden	Gefahr von Flecken beim falschen Auftragen
sehr reparaturfreundlich (einfaches Entfernen, um Lackschäden zu beseitigen)			bedingt reparaturfreundlich (relativ einfaches Entfernen der Schutzschicht, um Lackschäden zu beseitigen)		sehr reparaturunfreundlich (aufwändiges Entfernen der Schutzschicht, um Lackschäden zu beseitigen)

Entfernen einer Keramikversiegelung vom Lack

Das Entfernen einer Keramikversiegelung vom Autolack ist einer der größten Nachteile, denn dieser Prozess gestaltet sich sehr schwierig und aufwändig. Durch die Handwäsche kann eine Keramikversiegelung auch mit stark sauren oder alkalischen Reinigern nicht entfernt werden, da sie eine pH-Toleranz von 2 bis 11 aufweist.

Die gesamten Vorteile wie Härte, starke Verbindung mit dem Lack und eben diese chemische Resistenz machen die Versiegelung zu einem harten Gegner beim Versuch, sie zu entfernen. Somit bleibt uns nur noch das Polieren oder ggf. auch Nassschleifen des Lacks, um diesem Lackschutz herunterzubekommen. Zum Einsatz kommen hier ein hartes Pad und eine starke Schleifpolitur.

Die Behandlung mit Nassschleifpapier (3000er Körnung) ist nur etwas für Profis!

Unterschiede zwischen Wachs, Versiegelung und Coating im Überblick

Wachse, Versiegelungen und Coatings sind also 3 ganz verschiedene Möglichkeiten, um den Wagen vor Umwelteinflüssen zu schützen. Zusammenfassend kann festgehalten werden:

- Generell handelt es sich bei einem Wachs um ein natürliches Produkt. Wachse gehen keine chemische Verbindung mit der Lackoberfläche ein, sie „liegen" nur auf dem Lack und bieten daher im Vergleich zu einer Versiegelung oder einem Coating eine kürzere Standzeit.
- Im Vergleich dazu sind Versiegelungen im Labor entwickelte, chemische Produkte. Sie gehen eine Verbindung mit der Lackoberfläche ein, wodurch eine Standzeit von 1 bis 2 Jahren ermöglicht wird.
- Moderne Coatings sind der maximale Schutz, der heute angeboten wird und bieten Standzeiten von bis zu 3 Jahren.

Wir haben in oben stehender Tabelle noch einmal die einzelnen Vor- und Nachteile der unterschiedlichen Lackschutzmethoden zusammengestellt.

Performance-Steigerung beim Lackschutz

An dieser Stelle noch kurz ein Wort zur Verbesserung der Perfomance bei Wachsen und Versiegelungen: Wer darüber nachdenkt, mehrere Schichten Lackschutz aufzutragen, dem begegnen über kurz oder lang die beiden Begriffe „Layern" und „Toppen". Die Begrifflichkeiten kommen aus dem Englischen, wobei „Layern" nichts anderes bedeutet als „Schichten" und mit „Toppen" das Auftragen eines Produktes auf eine bereits vorhandene Lackschutzschicht gemeint ist.

Beim Layern tragen wir also dasselbe Produkt in mehreren Schichten auf; bei einer Keramikversiegelung wie beispielsweise CarPro CQuartz können wir so die Standzeit der Versiegelung deutlich erhöhen. Bei einer gewachsten Oberfläche funktioniert diese Behandlung allerdings nicht immer, weil nicht bei jedem Wachs jede weitere Schicht eine Verbindung mit der zuvor aufgebrachten herstellen kann.

Beim so genannten „Toppen" haben wir die Möglichkeit, auf eine Versiegelung noch zusätzlich ein Wachs aufzutragen. So haben wir durch die Versiegelung einen möglichst harten und langen Lackschutz, mit dem Wachs erhöhen wir zusätzlich den Glanzgrad.

Hinweis:
Keramische Versiegelungen können zwar mit herkömmlichen Wachsen getoppt werden, jedoch halten die Wachse nicht sonderlich gut auf einer so behandelten Oberfläche. Speziell für diesen Fall haben diverse Hersteller Wachse entwickelt, die auf den Keramikversiegelungen halten können (z. B.: Soft99 Hydro Gloss Wax).

Detailer

Nachdem wir den Wagen versiegelt und/oder gewachst haben, können wir die Oberfläche noch mit einem Detailer toppen: Wir tragen also eine weitere – einfache – Schutzschicht auf den Lack auf.

Die so genannten Quick Detailer beseitigen leichte Verschmutzungen wie Staub, Pollen, Blütenstaub oder Fingerabdrücke. Solch ein Produkt ist ideal für Treffen oder die schnelle „Katzenwäsche" zwischendurch, denn man muss ein Auto nicht alle 2 Tage waschen. Sehr weit verbreitet sind Detailer mit Wachs-Bestandteilen. Diese Produkte dienen dazu, die unteren Schichten (Wachs) zu schützen und die Standzeit ein wenig zu verlängern. Auch einen höheren Glanzgrad des Lacks können wir mit einem solchen Detailer erzielen.

Wie bei Wachsen und Versiegelungen, unterscheiden sich Detailer aufgrund ihrer Inhaltsstoffe. So gibt es Sprühwachse auf natürlicher Basis, auch wieder mit mehr oder weniger Anteilen von Carnaubawachs. Die Hauptvorteile eines auf Carnauba basierenden Sprühwachses sind der erhöhte Glanzgrad des Lackes und die haptische Glätte, während ein synthetisches Sprühwachs eine längere Standzeit bietet. Bei einer vorhanden Versiegelung sollte man den Detailer entsprechend abstimmen und auf natürliche Zusätze wie Carnauba verzichten, da sich diese Inhaltsstoffe häufig nicht mit einer Versiegelung vertragen und für Schlieren sorgen. Für eine korrekte Anwendung des Sprühwachses geben wir ein paar Sprühstöße auf ein flauschiges Mikrofasertuch mit langen Fasern und verteilen das Wachs auf der Oberfläche. Anschließend werden die Überschüsse mit einer trockenen Seite des Tuches abgetragen bzw. sanft auspoliert.

Detailer gibt es viele: Der SONAX Xtreme BrilliantShine Detailer ist ein sehr starker Detailer mit versiegelnden Eigenschaften, was auch sein sehr gutes Beading und Sheeting erklärt.

Beim Auto Finesse Finale handelt es sich hingegen um einen klassischen Detailer, der durch den Carnaubawachs-Anteil mit einem hohen Glanzgrad punkten kann. Natürlich kann er auch auf Kunststoffoberflächen und Glas verwendet werden.

Der US-amerikanische Hersteller Surf City Garage bietet seinen Speed Demon Wax Detailer an. Dieser Detailer beinhaltet ebenfalls Carnaubawachs für schönen Glanz auf dem Lack, zusätzlich aber auch einen schützenden UV-Blocker.

FOLIERTE UND MATTLACKIERTE AUTOS RICHTIG PFLEGEN

6

Folierte und mattlackierte Autos richtig pflegen

Immer mehr Hersteller bieten alternativ zur normalen Farbpalette eine Auswahl von Mattlacken an. Beim Waschen dieser Oberflächen müssen allerdings einige Dinge beachtet werden.

Absolut im Trend liegen Autofolien. Das so genannte „Car-Wrapping" sorgt für eine – im Vergleich zu einer aufwändigen Neulackierung – relativ preisgünstige Individualisierung des eigenen Autos. Eine bunte Palette an allen möglichen – und unmöglichen – Farben macht aus jedem Serienfahrzeug ein unverwechselbares Unikat. Außerdem schützt die Folie den Lack vor leichten Steinschlägen und Kratzern.

Sehr beliebt sind Folien in Matttönen, besonders wenn für das jeweilige Fahrzeugmodell keine werksseitige Mattlackierung in der Aufpreisliste stand. Allerdings haben die Fahrzeughersteller den Trend erkannt und bieten immer öfter die Option, seinen Traumwagen in Mattoptik zu bestellen. Jedoch bewegt sich das Farbangebot normalerweise in engen Grenzen.

Mattfolien und Mattlackierungen reinigen und pflegen

Mit der Reinigung und Pflege von mattfolierten und mattlackierten Autos verhält es sich ganz anders als bei glanzlackierten und glanzfolierten Autos. Die Zielsetzung ist ja schon eine ganz andere: Während wir beispielsweise bei einem Metalliclack nach der Reinigung auch einen hervorragenden Glanz anstreben, ist dieser Effekt bei matten Oberflächen natürlich unerwünscht. Somit können wir schon mal keine Shampoos mit Glanzverstärker verwenden, sondern wir benötigen Shampoos, die speziell für matte Lacke entwickelt wurden (z. B.: Nanolex Matte Reactivating Shampoo oder Petzoldts Spezial Mattlack-Shampoo).

Die Auswahl an Produkten für die Mattlack-Pflege ist hier deutlich überschaubarer, jedoch haben die Hersteller inzwischen auch gemerkt, dass die Nachfrage in diesem Segment stetig steigt.

Vom Snow Foam über Shampoo, Folienreiniger, Wachse und Versiegelungen sowie Detailer – alle Produkte müssen speziell für die Anwendung bei Mattlacken ausgewiesen sein. Ansonsten können wir grundsätzlich unsere Handwäsche und Pflege bei einem matten Lack genauso durchführen, wie auf den vorhergehenden Seiten schon beschrieben. Bei folierten Fahrzeugen muss darauf geachtet werden, dass ein Sprühabstand von gut 50 cm eingehalten wird und der Wasserstrahl nicht genau auf die Folienkanten trifft. Nach der Handwäsche kann das Fahrzeug ganz normal mit einem weichen Trockentuch abgetrocknet werden.

(1) Bei mattlackierten oder -folierten Fahrzeugen kommt für die Vorwäsche ein pH-neutraler Snow Foam zum Einsatz.

(2) Die Handwäsche erfolgt mit einem speziell für matte Oberflächen geeigneten Shampoo, das natürlich auch keine Glanzverstärker enthält.

(3) Nach dem Waschen kann ein Wachs oder wie in diesem Fall eine flüssige Versiegelung auf Fluorpolymer-Basis aufgetragen werden.

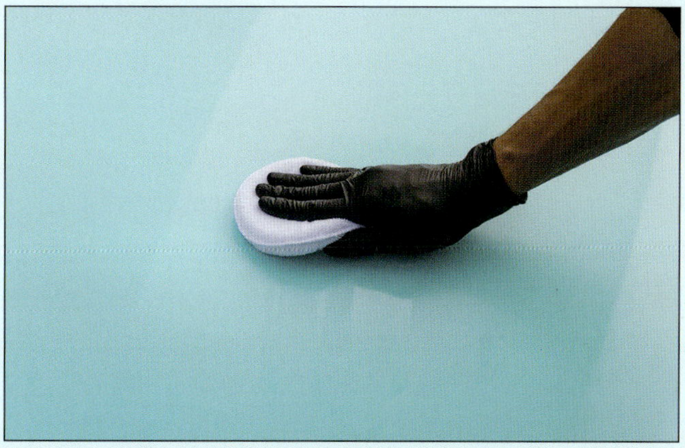

(4) Im Kreuzstrich aufgetragen, lässt man den Lackschutz ablüften und nimmt die Überschüsse anschließend mit einem weichen Mikrofasertuch auf.

(5) Zum Toppen oder bei leichteren Verschmutzungen: Speziell für Mattlacke und -folien geeignete Detailer frischen die matten Oberflächen auf, ohne ihnen dabei Glanz zu verleihen.

(6) Die Verarbeitung ist so einfach wie bei Glanzlacken: Produkt aufsprühen, mit einem weichen Mikrofasertuch abnehmen – fertig!

Hinweis:
Matte Lacke und matte Folien können nicht poliert werden! Im Fall von Kratzern oder anderen Beschädigungen hilft nur die Neulackierung oder die Neufolierung des betroffenen Bauteils des Autos.

Matte Lacke können nach dem Waschen und Trocknen mit einem speziellen Wachs geschützt werden (z. B.: Spezial Mattlack-Wachs von Petzoldts).

Um matte Folien vor Umwelteinflüssen wie Schmutz, Regen und UV-Strahlung zu schützen, führen verschiedene Hersteller eigens entwickelte Produkte im Sortiment, beispielsweise das S100 Matt-Wachs Spray von Dr. Wack.

Glanzfolierte Autos reinigen und pflegen

Generell kann eine Glanzfolie genauso gereinigt und gewachst werden, wie ein „normaler“ Autolack (Metallic- oder Unilack). So kann bei einem glanzfolierten Fahrzeug auch problemlos ein Shampoo mit Glanzverstärkern genutzt werden. Auch hier ist beim Waschen auf den Abstand (ca. 50 cm) und die Ausrichtung (Wasserstrahl nicht auf Folienkanten richten) der Sprühlanze zu achten.

Natürlich können glanzfolierte Autos auch mit Wachsen und Versiegelungen geschützt werden: Hier eignen sich beispielsweise sehr gut Wachse mit Carnaubawachsanteilen; Versiegelungen auf Silizium- bzw. Quarz-Basis sind generell nicht zu empfehlen, da sie die Folienoberfläche beschädigen können – es kann jedoch eine Freigabe beim Folienhersteller erfragt werden.

Bei glanzfolierten Fahrzeugen beseitigen spezielle Reiniger schnell und besonders materialschonend selbst hartnäckige Verschmutzungen wie Öl, Fett, Ruß und Insektenreste. Reiniger aufsprühen, ...

... einwirken lassen und mit einem langflorigen Mikrofasertuch in einer Rollbewegung abwischen.

Beim Polieren von Glanzfolien stets nur mit einer „sanfteren“ Politur arbeiten, also einer Feinschleifpaste und auf gar keinen Fall mit einer Schleifpaste! Außerdem ist es wichtig, dass beim Polieren nicht zu viel Wärme entsteht – eine Exzentermaschine ist hier also einer Rotationspoliermaschine vorzuziehen. Durch die entstehende Wärme kann die Folie schnell „Bläschen werfen“ und beschädigt werden.

Last but not least gibt es für glänzende Folien auch spezielle Reiniger-Sprays, mit denen einige Verschmutzungen schon gut entfernt werden können, ohne eine komplette Handwäsche durchführen zu müssen.

Als Abschluss oder auch für die schnelle Reinigung zwischendurch eignet sich ein normaler Detailer.

Ansonsten kann ein glanzfoliertes Fahrzeug mit denselben Produkten gewaschen werden, wie ein glanzlackiertes. Wichtig: Vorsicht beim Umgang mit der Waschlanze – besonders aufgepasst werden muss an den Radläufen, wo die Folie umgeschlagen wurde.

FELGEN UND REIFEN – DIE RICHTIGE REINIGUNG & PFLEGE

7
V8
MICHELIN
AMG

Felgen und Reifen – Die richtige Reinigung & Pflege

Felgenreinigung

Die richtige Reinigung der Alufelgen sorgt nicht nur für ein glänzendes Erscheinungsbild: Wichtig ist, dass wir den Bremsstaub regelmäßig entfernen, damit sich diese Rückstände nicht in die Felge einbrennen können und wir sie im schlimmsten Fall gar nicht mehr wegbekommen.

Um uns die Arbeit zu erleichtern, verwenden wir einen Felgenreiniger. Bei diesen Produkten unterscheiden wir zwischen pH neutralen, alkalischen und sauren Reinigern.

Ein pH-neutraler Reiniger ist bei normaler Verschmutzung und regelmäßiger Anwendung stets zu bevorzugen. Mit einem pH-Wert von ca. 6,5 bis 7,5 ist er schonend für das Material der Felge und kann meistens auch für polierte Felgen, Chromfelgen, lackierte Felgen oder auch pulverbeschichtete Felgen genutzt werden.

Mit einem säurehaltigen Felgenreiniger (alles unterhalb von pH-Wert 7) haben wir die Möglichkeit, sehr starke Verschmutzungen, wie stark eingebrannten Bremsstaub, zu entfernen. Jedoch muss bei einem so starken Felgenreiniger unbedingt darauf geachtet werden, dass beispielsweise polierte Felgen oder auch Chromfelgen angegriffen werden können.

Ein stark alkalischer Felgenreiniger (alles oberhalb von pH-Wert 8) punktet meist ebenfalls mit einer sehr guten Reinigungsleistung und einer geringen Wirkzeit. Aufgrund seiner Alkalität sollte ein solches Produkt aber nicht unbedingt auf polierten Felgen und anderen empfindlichen Materialien genutzt werden.

Hinweis:
Generell muss ein Felgenreiniger immer auf Materialverträglichkeit geprüft werden. Also testen wir einen neuen Felgenreiniger erst an einer kleinen unauffälligen Stelle der Felge.

Tipp:
Es gibt verschiedene Gründe, wieso manche Felgenreiniger unangenehm riechen. In den meisten Fällen ist der Inhaltsstoff Schwefel die Ursache; er ist ein Bestandteil des Wirkindikators.

Sehr kritisch wird es, wenn ein zu starker Reiniger an einer Felge mit defekter/beschädigter Oberfläche verwendet wird. Dabei kann es sich bei der Beschädigung um „Bordsteinrempler" handeln, aber auch um Korrosionsschäden aufgrund eines defekten Decklacks. Dann kann der Reiniger in das Aluminium eindringen und das Metallgefüge schädigen, mit dem Resultat, dass die Felge nicht mehr so belastbar ist.

Die richtige Felgenreinigung: Schritt-für-Schritt-Anleitung

Hinweis:
Darauf achten, dass die Felge kalt ist, bevor der Reiniger auf die Felge gesprüht wird!

Im ersten Schritt sprühen wir etwas Felgenreiniger auf die verschmutzte Felge. Bei starken Verschmutzungen ist es ratsam, etwas mehr Reiniger aufzutragen. Generell sollte man das Produkt aber eher sparsam einsetzen.

Um Felgenreiniger aus einem Großgebinde besser verarbeiten zu können, eignen sich kleine Sprühflaschen – hier eine Ausführung mit Dual-Action-Sprühmechanik.

Bei normaler Verschmutzung wie hier reicht ein guter pH-neutraler Reiniger vollkommen aus. Bei stärkeren Verschmutzungen muss ein Produkt mit einem niedrigeren pH-Wert (Richtung sauer) verwendet werden.

Zunächst den Reiniger auf die Felge sprühen. Grundsätzlich sollte darauf geachtet werden, dass der Reiniger nicht zu dünnflüssig ist, sondern eher eine gelartige Konsistenz aufweist.

Dann lässt man den Reiniger einige Zeit einwirken. Bei einigen Produkten zeigt ein Wirkindikator durch Verfärbung die Reaktion des Reinigers mit dem Schmutz an.

Eine möglichst gründliche Zerstäubung ist am effektivsten; auf keinen Fall sollte der Felgenreiniger in dicken Lachen auf der Felge landen. Beim Auftragen achten wir auch darauf, dass der Reiniger nicht nur die Felgenaußenseite benetzt, sondern auch genug Produkt ins Felgenbett gelangt. Der hier angesammelte Bremsstaub kann sich aufgrund der Hitzeentwicklung nämlich schnell einbrennen, was nicht in unserem Interesse sein kann.

Nachdem wir den Felgenreiniger aufgesprüht haben, müssen wir die Einwirkzeit abwarten. Je nach Reiniger variiert die Zeit von ca. 1 bis 5 Minuten, dazu stets die Anwendungshinweise auf der Rückseite der Flasche beachten!

Einige Felgenreiniger verfügen über einen so genannten Wirkindikator: Eine rötliche oder violette Färbung zeigt an, dass der Reiniger mit dem Schmutz reagiert hat.

Bei starken Verschmutzungen können wir zusätzlich mit einem Pinsel den Reiniger auf der Felge aufschäumen und verteilen.

Wenn die Einwirkzeit vorüber ist, können wir die Felge mit dem Hochdruckreiniger abdampfen. Hierbei versuchen wir mit dem Wasserstrahl in jeden Winkel und jede Ecke der Felge zu gelangen, um den Schmutz bestmöglich zu entfernen.

Anschließend wird die Felge abgesprüht. Dabei den Wasserstrahl auch ins Felgenbett halten, um den dort sitzenden Schmutz zu entfernen.

Nach dem Absprühen sind die Felgen entweder schon perfekt sauber oder haben nur noch leichte Verschmutzungen. In Ausnahmefällen kann noch sehr stark eingebrannter Bremsstaub vorhanden sein, den wir zunächst mit einem stärkeren (sauren) Felgenreiniger behandeln.

Im nächsten Schritt können wir nun eine Felgenbürste und einen Eimer mit Shampoowasser nehmen und mit der Bürste die Felge sanft reinigen. Anschließend muss die Felge erneut mit dem Hochdruckreiniger abgesprüht werden. Durch den Ein-

Für hartnäckige Verschmutzung, beispielsweise in den Schraubenlöchern, leistet ein Pinsel sehr gute Dienste.

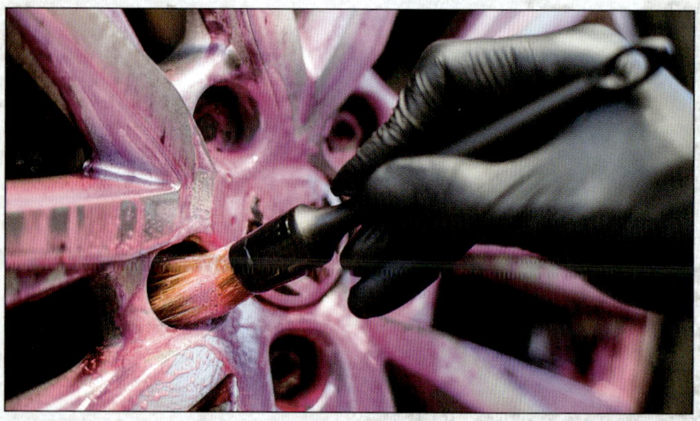

Der Pinsel sollte am besten chemieresistent sein, Handschuhe gehören bei dieser Produktanwendung auf jeden Fall zur Grundausstattung.

Um die Verschmutzungen im Tiefbett der Felge zu entfernen, werden Felgenbürsten angeboten. Hier bestimmt das Felgendesign die Form der Bürste.

Im letzten Schritt wird die Felge gründlich abgesprüht …

satz der Felgenbürste werden oftmals stärkere Verschmutzungen problemlos entfernt und wir haben danach eine ideal gereinigte Felge.

Tipp:
Auf den Kauf der richtigen Felgenbürste achten! Bei einer Felge mit vielen Speichen ist eine möglichst schmale Bürste besser geeignet als eine breitere Bürste, die eher für eine offenere Fünf-Stern-Felge verwendet wird. Bei der Arbeit Schutzbrille tragen!

Für den Fall, dass jetzt immer noch Verschmutzungen vorhanden sind, kommt Reinigungsknete zum Einsatz. Tipps für den richtigen Umgang mit diesem „Wundermittel" findet Ihr auf Seite 50.

Als Letztes werden nun die Felgen mit einem weichen Mikrofasertuch abgetrocknet – so auch die Bereiche um die Radschrauben. Auf diese Weise kommen keine Wasserspritzer auf den Lack, wenn wir nach dem Waschen losfahren.

… und mit einem MFT abgetrocknet. Dabei auch das Wasser aus den Schraubenlöcher aufnehmen, sonst landet das verbliebene Wasser beim Losfahren auf dem frisch gewaschenen Lack.

Felgenwachs und Felgenversiegelung

Um unsere Felgen langanhaltend vor Bremsstaub und Straßenschmutz zu schützen, müssen wir auch hier entsprechende Maßnahmen ergreifen. An dieser Stelle sollten wir jetzt die Entscheidung treffen, ob wir lieber ein Felgenwachs oder eine Felgenversiegelung auftragen möchten.

Genauso wie bei Wachs und Versiegelung für den Autolack, haben beide Produktarten auch bei

Felgen ihre Vor- und Nachteile. So ist die Standzeit bei einer Felgenversiegelung deutlich höher als bei einem Felgenwachs; mit dem Felgenwachs erhöhen wir allerdings meistens den Glanz auf den Felgen, was viele Versiegelungen nur bedingt oder gar nicht zu leisten vermögen.

Aber der Reihe nach. Schauen wir uns erst an, welche Arten von Felgen es auf dem Markt gibt:

- Alufelgen
- Chromfelgen
- Hochglanzverdichtete Felgen
- Lackierte Felgen
- Pulverbeschichtete Felgen
- Eloxierte Felgen

Im ersten Schritt müssen wir uns für eine Variante des Felgenschutzes entscheiden, also entweder eine Felgenversiegelung oder ein Felgenwachs.

Felgenversiegelungen sind häufig auf Siliziumbasis hergestellt, zählen also zu den keramischen Versiegelungen. Diese Produkte können hohen Temperaturen, wie sie durch die Bremse entstehen, standhalten und bieten einen sehr starken Schutz vor Bremsstaub. Die Reinigung kann, je nach Intensität der Verschmutzung, auch nur mit dem Hochdruckreiniger oder Shampoowasser vorgenommen werden. Hierbei kann bei Bedarf eine Felgenbürste zur Unterstützung dienen.

Felgenwachse gibt es einige auf dem Markt, in Aerosolflaschen zum einfachen Aufsprühen, aber mit geringer Standzeit, in Pastenform zum Auftragen oder in flüssiger Form. Produkte mit der besten Standzeit beinhalten in der Regel PTFE-Anteile, also hitzebeständiges Teflon.

An so geschützten Felgen bleiben Bremsstaub und Straßenschmutz nur sehr schwer haften.

Nach erfolgter Reinigung bekommen die Felgen eine Schutzschicht. In diesem Fall wird ein Carnauba-Produkt aufgetragen.

Die Überschüsse werden mit einem sehr weichen MFT abgenommen.

Beim Auftragen des Felgenwachses oder einer Felgenversiegelung müssen wir dieselben Punkte beachten wie beim Aufbringen eines Lackschutzes, denn die Felge ist entweder farbig lackiert oder mit Klarlack versehen: Felge gründlich reinigen, Schmutzreste abkneten, Kratzer auspolieren und Oberfläche mit Isopropanol entfetten. Anschließend Produkt auftragen und Überschüsse abnehmen.

Tipp:

Um versiegelte Felgen ideal zu reinigen, können wir einen guten, möglichst pH-neutralen Felgenreiniger verwenden.

(1) Einen längeren Schutz als Wachs bietet eine Felgenversiegelung. Im ersten Schritt wird die frisch gereinigte Felgen mit Isopropanol (IPA) ...

(2) ... gründlich entfettet. Auch hier gilt: IPA niemals unverdünnt auftragen, sondern Fertigprodukte oder selbstgemischte Lösung (1:10) verwenden.

(3) Da es natürlich sinnvoll ist, die Felge von beiden Seiten zu versiegeln, wird die Innenseite ebenfalls entfettet ...

(4) ... und anschließend trockengewischt.

(5) Als Felgenversiegelung verwenden wir hier die Gyeon Q² Rim. Auf den mitgelieferten Applicator Block wird ein feines Mikrofasertuch gelegt. Für eine bessere Handhabung, ...

(6) ... kann man das Tuch mit etwas Klebeband am Block befestigen. Nun ein paar Tropfen Versiegelung auf das Tuch träufeln ...

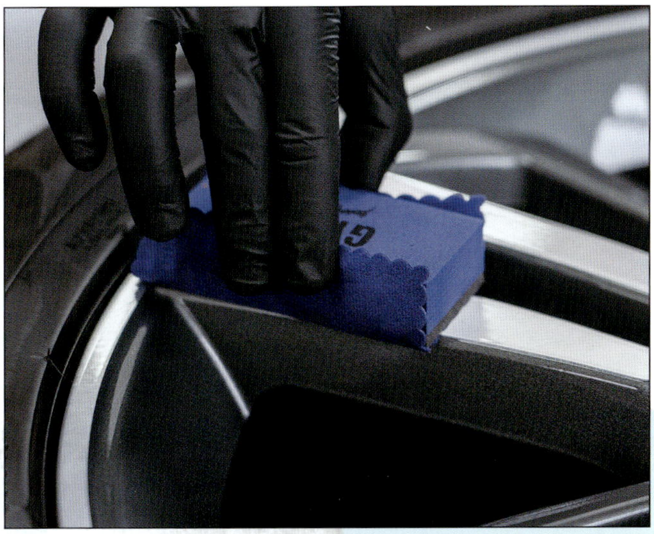

(7) ... und gleichmäßig verteilen. Handschuhe gehören übrigens bei dieser Tätigkeit zum obligatorischen Arbeitsschutz!

(8) Um die Zwischenräume mit Versiegelung zu behandeln wird das Tuch vom Block genommen. Der Film muss ca. 1 Minute ablüften, ...

(9) ... bevor anschließend Produktüberschüsse mit einem Mikrofasertuch – gründlich – abgenommen werden. Die ausgehärtete Versiegelung verträgt Temperaturen von über 350 °C.

(10) Mit derselben Vorgehensweise bei der Verarbeitung wird die Versiegelung nun auf die Innenseite der Felge verteilt und abgewischt.

(11) Das Ergebnis ist einfach phänomenal: Das fließende Wasser hat gar keine Möglichkeit, auf der Felge zu halten – es läuft ab und hinterlässt eine trockene Fläche.

(12) Beim Beading-Test zeigen sich viele kleine Tropfen mit einem sehr großen Kontaktwinkel. Standzeit der Versiegelung beträgt ungefähr 12 Monate.

Reifenpflege

Zur richtigen Reifenpflege gehört auch, die Reifenflanken wieder in schönem Tiefschwarz erstrahlen zu lassen. Es gibt verschiedene Arten von Reifenpflegemitteln:

- Sprühdose (wird direkt auf die Reifen aufgesprüht)
- Flüssige Form (wird mit einem Applicator Pad aufgetragen)

Auch Reifen können in neuem Glanz erstrahlen: Spezielle Reifenpflegemittel frischen den Gummi nach einer Wäsche wieder auf.

Mit den Fingern können wir das Applicator Pad so formen, dass es sich den Rundungen des Reifens ideal anpasst und das Pflegemittel perfekt aufträgt.

Beim Auftragen muss aufgepasst werden, dass die Laufflächen nicht mitbehandelt werden (Rutschgefahr)!

Hinweis:
Eine Reifenpflege darf niemals auf die Lauffläche der Reifen gelangen, da dies hier im schlimmsten Falle zur Beeinträchtigung der Bremsleistung führen kann.

Wenn wir ein Spray benutzen, halten wir die Flasche ca. 10 cm entfernt von der Reifenflanke und sprühen das Produkt auf.

Beim Verarbeiten eines Reifengels geben wir etwas davon auf ein Applicator Pad, das im besten Fall speziell für den Einsatz an der Reifenflanke geformt ist. Anschließend reiben wir das Gel sanft auf der Reifenflanke ein.

Hinweis:
Nach Auftragen des Reifenpflegesprays oder Reifenpflegegels können die Überschüsse nach ein paar Minuten mit einem alten Mikrofasertuch abgenommen werden. Der Reifengummi kann nur eine gewisse Menge an Pflegemittel aufnehmen, der Rest würde beim Fahren hochgeschleudert werden und auf dem Lack (Schweller und Heckstoßstange) landen.

(1) Alternativ werden auch Wachse angeboten. Zuerst wird der Reifen mit etwas APC und einem Pinsel gesäubert …

(2) … und anschließend mit einem MFT abgewischt.

(3) Nun wird das Wachs …

(4) … mit dem Applicator Pad aufgetragen und kurz ablüften gelassen.

(5) Überschüsse werden mit einem MFT aufgenommen – fertig. Die Standzeit dieser Wachse beträgt bis zu mehreren Wochen.

KUNSTSTOFF- & GUMMIPFLEGE

8

Kunststoff- & Gummipflege

Kunststoffteile und Gummis am Auto benötigen unbedingt regelmäßige Pflege, damit das Material nicht austrocknet und spröde wird bzw. Risse bekommt. Die Folgen können beispielsweise defekte Tür- und Fensterdichtungen sein, durch die dann Wasser eintritt.

Aus diesen Gründen müssen diese Teile am Auto unbedingt gepflegt und geschützt werden.

Die richtige Pflege

Im Falle von Tür- und Fenstergummis werden diese zunächst mit etwas APC-Lösung oder einem speziellen Reiniger gesäubert. Anschließend verwenden wir einen Gummipflegestift, der sich auch für die regelmäßige Pflege eignet. Hierbei muss man stets auf die Verarbeitungshinweise achten. Natürlich können auch Produkte mit flüssiger Konsistenz eingesetzt werden.

Auf sonstige Kunststoffteile tragen wir nach erfolgter Reinigung ein Kunststoffpflegemittel auf, das sich ebenfalls für die regelmäßige Pflege eignet.

Es gibt kombinierte Reinigungs- und Pflege-Produkte. Das Produkt wird auf ein weiches Mikrofasertuch gesprüht …

… und eine Teilfläche abgewischt.

Wenn eine Seite des Tuches schmutzig ist, wird eine noch saubere Seite nach oben gefaltet.

Auch stark verwitterte Kunststoffteile im Außenbereich lassen sich gut wieder auffrischen: Dazu wird der Kunststoff zunächst mit einem APC gereinigt, …

… anschließend erfolgt die Behandlung mit einem Pflegemittel – in diesem Fall der Koch Chemie NanoMagicPlastCare. Bei Bedarf muss die silikonölfreie (!) Kunststoffpflege mehrmals aufgetragen werden.

Schutz und Versiegelung

Natürlich gibt es auch bei Gummis und Kunststoffteilen die Möglichkeit, diese dauerhaft zu schützen, wie wir es auch schon von unserem Autolack kennen. Hierzu können wir verschiedene Kunststoffversiegelungen nutzen. Die auf Siliziumdioxid basierenden Produkte haben den großen Vorteil, dass sie die Teile im ersten Schritt auffrischen und wieder schön tiefschwarz aussehen lassen. Im zweiten Schritt werden sie langanhaltend vor dem erneuten Ausbleichen durch UV-Strahlung geschützt.

Dazu werden spezielle Gummipflegeprodukte angeboten, die Gummis elastisch halten und auch die Farbe wieder auffrischen. Der Auftrag ist sehr einfach, ...

Damit Fenster- und Türgummis nicht austrocknen und geschmeidig bleiben, werden sie regelmäßig mit Pflegemittel behandelt.

... bei Bedarf kann mit einem weichen Mikrofasertuch nachpoliert werden. Gummipflege ist übrigens nicht nur in der kalten Jahreszeit ein Thema!

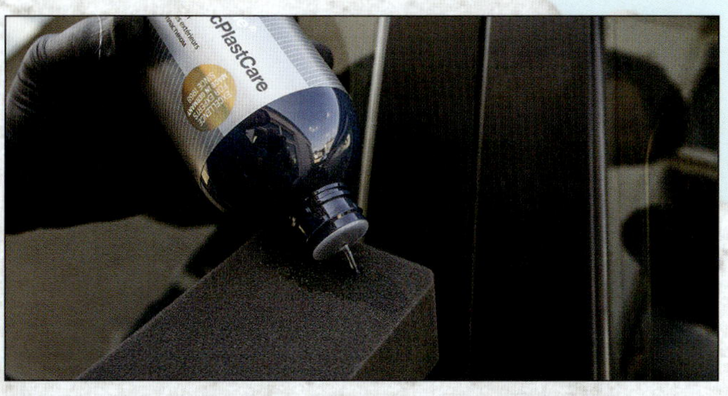

Die durch UV-Strahlung und Verschmutzungen stark beanspruchten Kunststoffteile an der Karosserie benötigen besondere Aufmerksamkeit und Pflege, ...

... wie hier an einer B-Säule. Das Produkt wird auf ein Applicator Pad gegeben und gleichmäßig auf die zuvor gereinigte und getrocknete Oberfläche aufgetragen. Vollständig abtrocknen lassen und ggf. mit einem weichen Tuch nachpolieren.

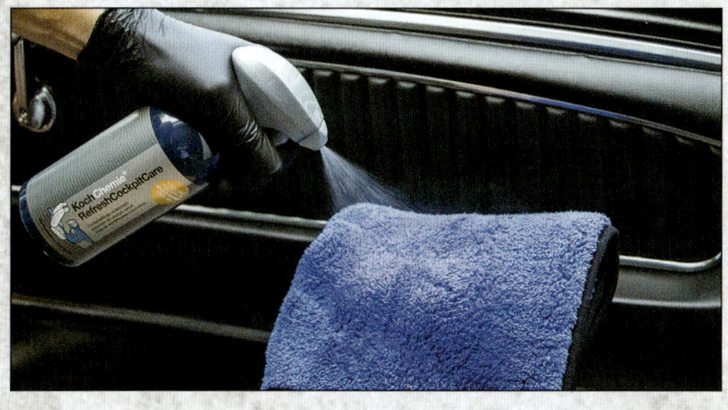

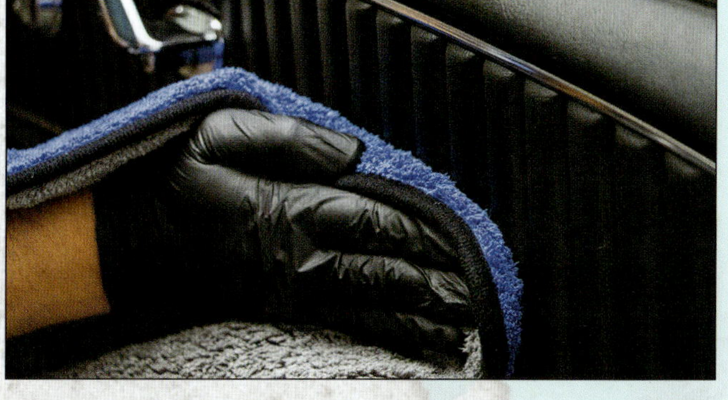

Ein gutes Pflegemittel reinigt und pflegt nicht nur alle Kunststoffteile im Fahrzeuginnenraum, sondern schützt dank Antistatikum auch vor Neuverschmutzung. Ebenfalls wichtig: UV-Schutz beugt dem Ausbleichen des Kunststoffs vor.

CABRIOVERDECKPFLEGE – WASCHEN & VERSIEGELN

9

Cabrioverdeckpflege – Waschen und Versiegeln

Ein Cabrio ist schön anzusehen und im Sommer eine Wohltat, wenn der Wind durch die Haare weht. Damit der Spaß am Cabrio möglichst lange ungetrübt bleibt, muss das Stoffverdeck regelmäßig gereinigt und auch versiegelt/imprägniert werden. Eine gute Imprägnierung ist sehr wichtig, damit sich das Cabrio-Verdeck bei der nächsten Regenfahrt nicht komplett mit Wasser vollsaugt. Auch der Schutz vor UV-Strahlen muss gewährleistet sein, damit der Stoff nicht ausbleicht.

Hinweis:
Je nach Hersteller muss ein Verdeck in den ersten 3 Jahren nicht versiegelt werden, sofern bereits werksseitig eine Imprägnierung erfolgt ist.

Sowohl für die richtige Reinigung als auch für die Versiegelung gibt es die passenden Produkte. Für die gründliche Reinigung des Verdecks eignen sich generell ein APC oder Polsterreiniger und eine weiche (!) Bürste: Der Reiniger wird einfach auf das Verdeck aufgesprüht. Nach kurzer Einwirkzeit können wir mit der weichen Bürste den Reiniger sanft in den Stoff einmassieren. Dabei nicht zu viel Druck ausüben, denn sonst können die Fasern des Verdecks beschädigt werden. Anschließend wird der Reiniger samt Schmutz mit Wasser aus dem Dach wieder entfernt; hierzu können wir einen Wasserschlauch oder ein Hochdruckreiniger einsetzen.

Hinweis:
Verdecke ab Baujahr ca. 1990 kann man eigentlich ohne Bedenken – vorsichtig – mit dem Hochdruckreiniger absprühen. Hierbei sollte aber ein Mindestabstand von ca. 50 cm eingehalten werden. Auf keinen Fall den Wasserstrahl zu lange auf Bereiche halten, wo Verdeck und Fenster abdichten sollen.

Bevor wir die Versiegelung aufbringen können, muss das Stoffdach erst einmal komplett trocken sein. Dazu reiben wir das Verdeck zunächst mit einem Trockentuch ab und parken den Wagen in der Sonne, damit sie den Rest erledigt.

Sobald das Dach trocken ist, sollten alle losen Fasern und Fusseln mit einer Fusselrolle entfernt werden. Danach kann die Versiegelung aufgetragen werden. Der Markt bietet hier eine große Auswahl: So gibt es Produkte, die mit einer Aerosolflasche aufgetragen werden, aber nur eine Standzeit von einigen Monaten haben. Alternativ dazu sind auch richtige Stoffversiegelungen (meist in einer kleinen Pump-Sprühflasche) erhältlich, die mit einer höheren Standzeit punkten können.

Bevor wir die Versiegelung auftragen, müssen wir im ersten Schritt den Lack und die Scheiben mit Folie oder Zeitungspapier abkleben, so dass kein Sprühnebel auf diese Teile des Fahrzeuges gelangen kann (Gefahr von Fleckenbildung).

Anwendung mit Aerosolflasche

Wir sprühen die Imprägnierung gleichmäßig auf das Verdeck auf, und achten dabei auf sehr sparsamen Einsatz, damit der Stoff nicht durchnässt wird. Nach dem kompletten Auftragen können wir die Imprägnierung in den Stoff einziehen und trocknen lassen. Zuletzt werden noch die Abdeckfolien/Zeitungspapier entfernt.

Anwendung einer Stoffversiegelung

Mittlerweile gibt es sehr leistungsfähige Beschichtungen auf der Basis von Siliziumdioxid (SiO_2), das auch in Keramikversiegelungen für den Lack enthalten ist. Diese Produkte haben eine deutlich höhere Standzeit als die Imprägnierungssprays mit Aerosolflasche und bieten besseren Schutz gegen Umwelteinflüsse.

Bevor wir mit der Arbeit beginnen, achten wir auf den korrekten Arbeitsschutz, denn die Anwendung von Siliziumdioxid-Produkten sollte nur mit Atemmaske, Handschuhen und Schutzbrille durchgeführt werden. Wir nehmen die Sprühversiegelung und tragen sie auf das Verdeck auf, dann verreiben wir die aufgesprühte Flüssigkeit sanft mit der Hand (Handschuhe tragen) und massieren sie so in die Fasern des Verdecks ein. Anschließend muss das Produkt ca. 12 Stunden aushärten und darf erst danach mit Wasser in Kontakt kommen – nur so kann die volle Standzeit erzielt werden.

Hinweis:
Versiegelung oder Imprägnierung nicht bei direkter Sonneneinstrahlung auf das Verdeck aufsprühen und ebenso erst auftragen, wenn das Verdeck getrocknet und abgekühlt ist.

(1) Der werksseitige Schutz des Verdecks hält bei einem Neuwagen gut 3 Jahre, aber danach ist eine Versiegelung durchaus empfehlenswert, wie bei diesem BMW 3er aus der Baureihe E36.

(2) Bei älteren Stoffverdecken ist die Behandlung mit einem Dampfstrahler mit Vorsicht durchzuführen – besser etwas verdünnten APC aufsprühen und mit einer weichen Bürste einreiben.

(3) Anschließend den gelösten Schmutz mit einem feuchten Mikrofasertuch abnehmen. Dann kann die Versiegelung aufgetragen werden. Zuvor werden zunächst alle Bereiche abgeklebt, die nicht behandelt werden sollen.

(4) Versiegelung auftragen: Das hier verwendete Gyeon Q^2 Fabric Coat kann entweder einfach aufgesprüht oder aber mit der Hand im Kreuzstrichverfahren eingerieben werden. Achtung: Schutzhandschuhe tragen!

(5) Jetzt muss die Versiegelung gut 12 Stunden trocknen, bevor sie mit Wasser in Berührung kommt. Ansonsten wird die volle Standzeit nicht erreicht.

(6) Das Beading ist absolut überzeugend, ...

(7) ... genauso wie das Sheeting. So ist das Verdeck für die nächsten 6 Monate wieder rundum geschützt gegen Wasser, Schmutz und UV-Strahlen.

SCHEIBENREINIGUNG & -VERSIEGELUNG

10

Scheibenreinigung & -versiegelung

Saubere Scheiben erleichtern die Sicht und tragen maßgeblich zur Sicherheit beim Fahren bei, besonders in der kalten Jahreszeit. Auch wenn die Scheibenreinigung als eine Art Königsdisziplin gilt, ist ein streifenfreies Ergebnis keine große Kunst, wenn man weiß wie und womit es geht: Für ein vernünftiges Ergebnis verwenden wir einen Glasreiniger aus dem Autopflege-Sortiment und dazu 2 Mikrofasertücher mit einer speziellen Waffelstruktur.

Herkömmliche Glasreiniger haben einen geringeren Alkoholgehalt und lüften dadurch langsamer ab – die Folge: Gefahr von Schlierenbildung.

Die Schlieren kommen insbesondere bei geneigten oder gewölbten Scheiben zum Vorschein.

Bei der **Anwendung** beachten wir: Im Außenbereich kann man den Glasreiniger direkt auf die Scheibe sprühen und anschließend mit einem Glastuch in kreisenden Bewegungen die Oberfläche reinigen.

Tipp:
Wenn die Scheibe nicht im Anschluss an die Handwäsche gereinigt wird, sondern zwischen den Wäschen gesäubert werden muss, sollte man je nach Verschmutzungsgrad nicht an Glasreiniger sparen – so wird der Schmutz gründlich angelöst.

Scheibenreinigung Außenseite

Der grobe Schmutz sollte zuerst mit einem Wasserstrahl beseitigt werden. Wenn man die Glasreinigung unmittelbar nach der Fahrzeugwäsche durchführt, entfällt dieser Schritt natürlich. Bei leichten Verschmutzungen reichen ein ordentlicher Glasreiniger (z. B.: Koch Chemie Speed Glas Cleaner oder Wizard of Gloss Neo Glasreiniger) und 2 Mikrofasertücher mit Waffelstruktur vollkommen aus.

In der Vergangenheit wurde Polierwatte oder Baumwolle verwendet. Mit Hilfe von speziellen Mikrofaser-Glastüchern gelingt die perfekte Reinigung jedoch deutlich kraftschonender und einfacher. Die so genannten Waffeltücher besitzen eine spezielle Wabenstruktur, die dafür sorgt, dass überschüssiger Glasreiniger und Verschmutzungen vollständig aufgenommen werden. Normale Mikrofasertücher haben lange Fasern und neigen dazu, Flusen oder Staub zu hinterlassen. Sie sollten daher nicht auf Scheiben verwendet werden.

Mittlerweile gibt es sogar spezielle Glastücher mit Schaumstoff-Kern, der dafür sorgt, dass Feuchtigkeit durch Wasserrückstände oder Glasreiniger noch besser aufgenommen wird. Das spart Zeit und die Zuhilfenahme eines zweiten Tuches.

(1) Für einen streifenfreien Glanz: Spezielle Glasreiniger für den Autobereich unterscheiden sich durch den besonders hohen Alkoholgehalt von handelsüblichen Glasreinigern. Zunächst wird die Scheibe außen von grobem Schmutz gereinigt.

(2) Dabei auch den unteren Scheibenbereich säubern. Besonders an der Ruheposition der Scheibenwischer sammelt sich der Schmutz.

(3) Sorgt für klaren Durchblick: Etwas Glasreiniger in ein altes Waffeltuch sprühen, um bei der Gelegenheit auch gleich die Wischergummis von Schmier und Deck zu befreien.

(4) Nachdem der gröbste Dreck entfernt wurde, nehmen wir uns ein neues Waffeltuch und beginnen die zweite Runde.

(5) Mit stärkerem Druck fahren wir am besten in langen Bahnen von oben nach unten über die Scheibe, ...

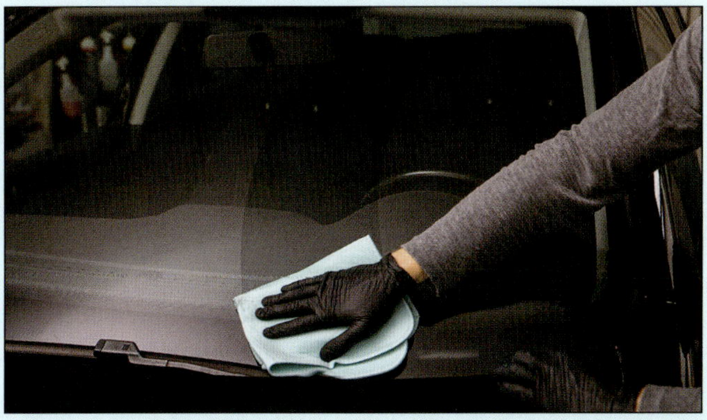

(6) ... um so möglichst alle Verunreinigungen zu entfernen. Natürlich kann man auch in kreisförmigen Bewegungen die Scheibe säubern, aber die Vorteile der anderen Methode werden wir gleich noch sehen.

(7) Trotz Vorreinigung konnte im zweiten Schritt noch jede Menge Schutz abgenommen werden.

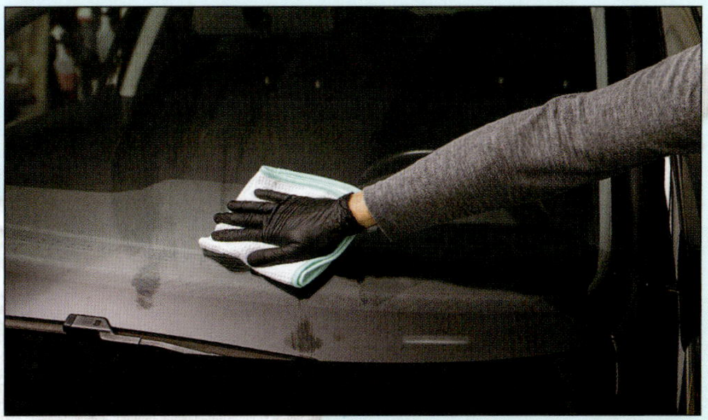

(8) Bei Bedarf muss die Scheibe nochmals gesäubert werden.

(9) Zum Abschluss nehmen wir uns ein neues Mikrofasertuch ...

(10) ... und trocknen den behandelten Teilbereich ab. Wenn das Tuch „stockt", ist die Scheibe wirklich trocken – und sauber!

Die trockene Rückseite (bzw. das zweite Tuch) sorgt dafür, dass die Scheibe streifenfrei getrocknet werden kann. Dazu arbeiten wir in geraden Bahnen. Das Quietschen bzw. Stocken des Tuches signalisiert, dass keine Rückstände mehr auf der Glasoberfläche vorhanden sind. Wichtig ist, dass auch wirklich alle Ecken und Kanten gereinigt werden.

Zur Scheibenreinigung gehört auch die Pflege der Wischerblätter: Dazu benutzt man die schmutzige Seite des Waffeltuchs oder alternativ ein älteres Mikrofasertuch. Jetzt sprüht man Glasreiniger direkt auf das Tuch und wischt das Gummi der Scheibenwischer ab. Das Ergebnis ist in der Regel viel Schmutz im Tuch und saubere Wischblätter, die keine Schmutzpartikel erneut über die Windschutzscheibe ziehen.

Tipp:

Die perfekte Scheibenreinigung hängt auch von der Außentemperatur ab. Der beste Scheibenreiniger kann Schlieren hinterlassen, falls die Oberfläche zu warm ist. Daher sind gerade in den Sommermonaten die frühen Morgenstunden oder die späten Abendstunden ideal für diese Aktion.

Für den Fall, dass Schlieren zurückbleiben, sollte man erkennen, ob diese auf der Außen- oder Innenseite der Scheibe vorhanden sind. Folgende Vorgehensweise hat sich bewährt: Im Außenbereich wischen wir mit der trockenen Seite senkrecht von oben nach unten, während wir im Innenraum waagerecht also von links nach rechts arbeiten.

Bei Autoscheiben, die über einen längeren Zeitraum nicht gründlich gereinigt wurden oder auf denen viele Insektenreste und andere hartnäckige Verschmutzungen anhaften, empfiehlt sich der Einsatz von Reinigungsknete. Nach der Reinigung mittels Glasreiniger, um oberflächlich haftenden Schmutz zu entfernen, nehmen wir durch die Reinigungsknete tiefsitzenden Schmutz auf.

Achtung:

Wie immer beim Umgang mit Reinigungsknete, muss stets ausreichend Gleitmittel eingesetzt werden (siehe Kapitel 3). Auch wenn Autoglasscheiben besonders hart sind, sollte man Reinigungsknete auf gar keinen Fall trocken anwenden!

Kreisende Bewegungen sorgen dafür, dass mehr Schmutzpartikel durch die Knete aufgenommen werden. Aufgrund der besonderen Härte von Glas ist die Gefahr von Kratzern oder Swirls gering. Falls die Knete sich an manchen Stellen schwergängig bewegen lässt, ist das ein Indikator für vorhandene Schmutzpartien und wir sollten diesen Bereichen besondere Aufmerksamkeit schenken – und viel Gleitmittel verwenden! Nach der Reinigung der Glasoberflächen mittels einer Knete fühlt sich die Oberfläche wieder glatt an und ist porentief sauber.

Die Anwendung von Reinigungsknete ist übrigens keinesfalls zwingend bei jeder Glasreinigung notwendig und kann bei Bedarf durchgeführt werden.

Scheibenreinigung Innenseite

Nahezu jeder Fahrer kennt das Problem mit eingeschränkter Sicht aufgrund von Schlieren oder Streifen auf der Innenseite von Windschutz- und Heckscheibe. Mit dieser Anleitung wollen wir Euch die richtige Technik zeigen. Los geht's:

Wer seine Autoscheiben im Innenraum über einen längeren Zeitraum nicht gereinigt hat, hat bestimmt schon erlebt, wie ein öliger Film, beschlagene Scheiben und eine schlechte Sicht den Fahrspaß beeinträchtigen. Die Materialien im Innenraum eines jeden Autos bestehen aus Vinyl, Kunststoff oder Leder. Diese Materialien beinhalten Öle, die durch Hitze ablüften und sich auf der Windschutzscheibe im Innenraum absetzen. Bei Rauchern

(1) Beim Putzen der Scheibeninnenseite sprühen wir etwas Autoglasreiniger in ein sauberes Waffeltuch. So gelangt kein Reiniger auf das Armaturenbrett.

(2) Wieder gehen wir in langen Bahnen über die Scheibe ...

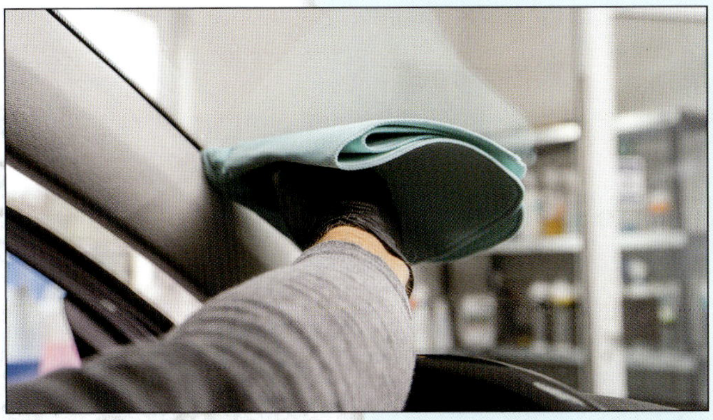

(3) ... und widmen uns dabei besonders den Ecken um die A-Säule.

(4) Das eigentliche Trockenwischen erfolgt wieder mit einem sauberen Waffeltuch. Das Wischen in entgegengesetzter Richtung als auf der Außenseite lässt eventuelle Schlieren besser lokalisieren ...

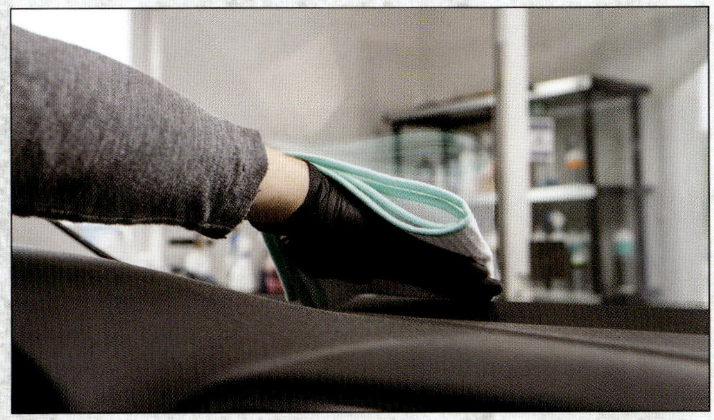

(5) Für effektive Reinigung: Im unteren Bereich das Tuch mit der flachen Hand gegen die Scheibe drücken. Uhren und Ringe vorher besser ablegen, damit das Armaturenbrett nicht verkratzt werden kann.

kommt ein Nikotinfilm hinzu, der bläulich ist und so wirkt, als wäre die Scheibe beschlagen. Übrigens beschlägt gründlich gereinigtes Glas im Winter deutlich weniger!

Bei der **Anwendung** beachten wir: Von der Beifahrerseite aus kann man die Windschutzscheibe besser säubern, da das Lenkrad nicht im Weg ist. Den Glasreiniger sprühen wir immer direkt auf ein Waffeltuch, um Rückstände auf dem Armaturenbrett zu vermeiden. Falte das Tuch kompakt, damit es nicht mit dem Armaturenbrett in Berührung kommt.

Tipp:
Viele moderne Fahrzeugtypen haben relativ flach verbaute Windschutzscheiben – darum sollten beim Scheibenreinigen im Innenraum Armbanduhr und sonstiger Schmuck abgelegt werden, um Kratzer auf dem Armaturenbrett zu vermeiden.

Wie schon bei der Außenreinigung gilt: Bei besonders schmutzigen Scheiben kann es ruhig etwas mehr Glasreiniger sein, damit die Oberfläche richtig nass ist und der Schmutz angelöst wird. In kreisenden Bewegungen nimmt das Mikrofaser-Waffeltuch die Verunreinigungen besser auf.

Mit der Handaußenfläche erreicht man problemlos auch die schwer zugänglichen Stellen und Ecken. Im Anschluss empfiehlt sich ein zweites, trockenes Tuch, um die Oberfläche restlos trocken zu wischen. Das Quietschen signalisiert wieder, dass die Autoscheibe rückstandsfrei sauber ist und keine Putzstreifen oder Schlieren zurückbleiben.

Tipp:
Nach erfolgter Fensterreinigung sollten die verwendeten Tücher gewaschen werden. Gebrauchte und getrocknete Tücher werden bei erneutem Einsatz vor allem Schlieren und Streifen ziehen.

Schutz & Versiegelung

Damit wir uns möglichst lange an einer sauberen Scheibe erfreuen können, eignet sich das Aufbringen einer Glasversiegelung. Nach der Anwendung ist der wasserabwei-

(1) Bevor die Scheibenversiegelung aufgetragen werden kann, wird die zuvor gründlich gesäuberte Scheibe mit einem IPA-Reiniger entfettet.

(2) Anschließend wird die Scheibenversiegelung im Kreuzstrich dünn (!) auftragen.

(3) Wenn die Versiegelung abgelüftet ist, den weißlichen Schleier mit einem weichen MFT abpolieren.

(4) Es bildet sich ein zuverlässiger Schutz vor Staub, Schmutzpartikeln und Wasser. Das Wasser perlt bereits ab ca. 60 km/h so stark ab, dass die Scheibenwischer deutlich weniger zum Einsatz kommen.

(5) Die Standzeit beträgt je nach Fahrleistung und Fahrzeugwäschen ungefähr 1 Jahr. Wer die Versiegelung wieder entfernen möchte, ...

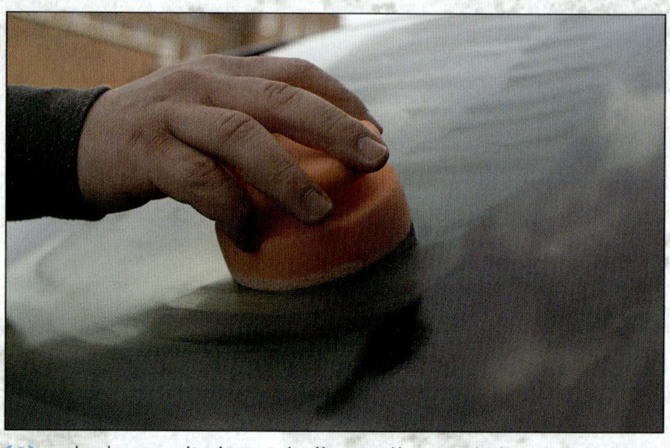

(6) ... der kann mit einer Scheibenpolitur und einem Polierpuk die Schutzschicht von der Scheiben polieren.

sende Effekt so stark, dass die Scheibenwischer ab einer bestimmten Geschwindigkeit (je nach Produkt ab ca. 50 bis 60 km/h) in ihrer Ruheposition bleiben können. Gleichzeitig bietet eine Versiegelung der Scheiben einen besseren Schutz gegen Flecken und die Anhaftung von Insektenresten. Versiegelte Scheiben sorgen für eine bessere Sicht bei Regen und dadurch ebenso für weniger Ermüdung auf längeren Fahrten. Weitere Vorteile: Die Glasoberflächen sind leichter zu reinigen und selbst Eis kann im Winter einfacher entfernt werden.

Bei der Anwendung von Glasversiegelungen sollten die jeweiligen Herstellerangaben genauestens befolgt werden. Scheibenversiegelungen gehen eine molekulare Bindung mit der Glasoberfläche ein und haften bis zu 50.000 Kilometer, weshalb eine vorherige gründliche Reinigung zwingend erforderlich ist.

Hinweis:
Bevor die Versiegelung aufgebracht wird, müssen die Scheiben mit Reinigungsknete und ggf. Glaspolitur bearbeitet werden, um eine lange Standzeit zu ermöglichen.

Hinweis:
Zum Entfernen von der Versiegelung kann eine Glaspolitur (z. B. SONAX Glass Polish) verwendet werden. Aufgebracht wird die Politur mit einer Poliermaschine in Kombination mit einem speziellen Filz-Pad.

Scheibenreiniger für die Wischwasseranlage

Für eine saubere Scheibe ist auch die Wahl des richtigen Scheibenreinigers von Bedeutung. Schließlich soll er Insektenreste, Umweltverschmutzungen und Straßenschmutz zuverlässig von der Windschutzscheibe entfernen. Diese Verschmutzungen führen nämlich besonders bei Regen und in der Dämmerung zu gefährlichen Blend- und Schmierfilmen. Für diese Aufgabe eignen sich – schon allein aufgrund des umgerechnet niedrigen Literpreises – Scheibenreiniger-Konzentrate sehr gut. Zahlreiche Billig-Scheibenreiniger entfernen den Schmutz meist nicht effektiv und verschmieren den Schmutz auf der Windschutzscheibe, mit der Folge, dass sich schnell eine milchig wirkende Schicht auf der Scheibe bildet. Dieser Effekt bewirkt, dass der Fahrer durch die Scheinwerfer von entgegenkommenden Fahrzeugen geblendet werden kann.

Ein Beispiel für einen guten Reiniger ist der CW1:100 Super Scheibenreiniger vom Hersteller Dr. Wack. Er ist als Fertiggemisch oder als Konzentrat verfügbar. Das Konzentrat ist sehr ergiebig und preisgünstig, da es lediglich im Mischungsverhältnis von 1:100 genutzt wird (25 ml Konzentrat ergeben 2,5 Liter Reinigungsflüssigkeit).

Scheibenreiniger gibt es als Fertigmischung oder als Konzentrat zum Selbermischen. Das Produkt darf auf keinen Fall die Kunststoffgläser der Scheinwerfer angreifen.

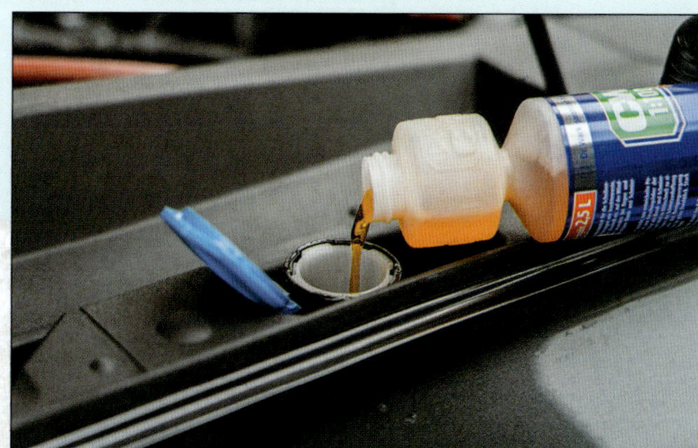

Scheibenreiniger-Konzentrate wie das CW 1:100 sind preislich eine Alternative zu fertig gemischten Produkten. Wie hier, erleichtert ein integrierter Dosierer das Einfüllen.

INNENRAUM

11

Innenraum

Der Vorteil eines gepflegten Innenraums zeigt sich schon darin, dass regelmäßiges Saugen und Staubwischen vollkommen ausreichen, damit man sich im Auto wohlfühlt.

Ein vernachlässigtes Interieur mit hartnäckigen Flecken hingegen nimmt bei der Autopflege immer deutlich mehr Zeit in Anspruch. Und da jeder Besitzer mehr Zeit im Auto verbringt als es sich von außen anzusehen, erklären wir nun, worauf es bei der Innenraumreinigung ankommt.

Schauen wir uns zunächst die unterschiedlichen Materialien an, die im Fahrzeuginnenraum verbaut sind. In den meisten Autos findet man heutzutage eine Kombination aus Kunststoffen, Gummi, Vinyl und Leder. Ein gutes Pflegemittel kann auf all diesen Oberflächen verwendet werden. Hier sollte nicht einfach unbedacht jeder Reiniger verwendet werden. So gibt es einerseits spezielle Alcantara-Reiniger, aber auch Reiniger von verschiedenen Herstellern, die ebenfalls zur Reinigung von Alcantara geeignet sind, beispielsweise Koch Chemie Pol Star oder Colourlock Alcantara/Textil.

Hinweis:

Bei Alcantara handelt es sich um ein 1970 in Japan entwickeltes Lederimitat. Der Mikrofaservliesstoff basiert auf Polyester und Polyurethan. Seit 1974 wird der Stoff ausschließlich in einem speziellen Werk in der italienischen Stadt Terni produziert und unter dem Handelsnamen Alcantara vertrieben.

Je nach Verschmutzung wird ein neutraler, für Alcantara geeigneter Reiniger (hier Koch Chemie Pol Star) im Verhältnis 1:5 bis 1:20 mit Wasser verdünnt und mittels Sprühflasche verteilt.

Mit einer weichen (!) Bürste wird der Reiniger aufgetragen. Der von dem feinporigen Schaum aus der Fasertiefe beförderte Schmutz …

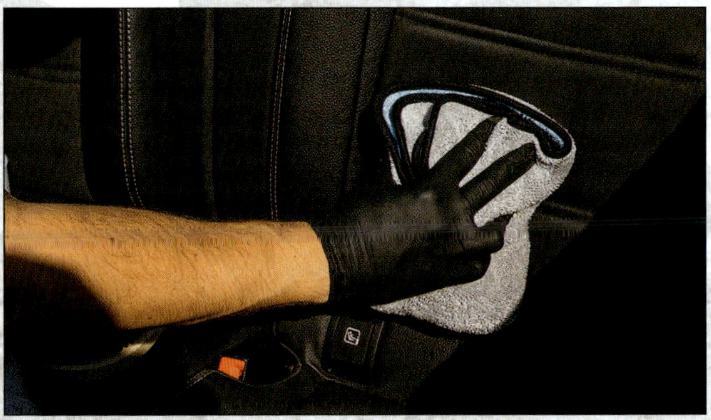

… kann mit einem feuchten Tuch (alternativ: Nass-Trockensauger) aufgenommen werden.

Ein guter Reiniger hinterlässt keine Wasserränder, erhält die Originalimprägnierung und konserviert – das schützt vor schneller Neuverschmutzung.

Lederreinigung & -pflege

Heutzutage haben viele Fahrzeuge Leder verbaut, das muss nicht einmal das Leder der Sitze sein: Auch das Armaturenbrett, die Türverkleidungen, der Schaltsack und vieles mehr sind aus Echtleder oder Kunstleder. Die Reinigung und Pflege von echtem Leder ist sehr wichtig, denn dies ist ein „Naturprodukt" und bedarf einer regelmäßigen Pflege, da das Leder sonst austrocknet, reißen und bre-

(1) Naturprodukt Leder: Für die richtige Pflege gehen wir in 2 Stufen vor, indem zunächst ein Reiniger den Schmutz entfernt und anschließend ein Pflegemittel oder wie hier eine Versiegelung für Schutz sorgt.

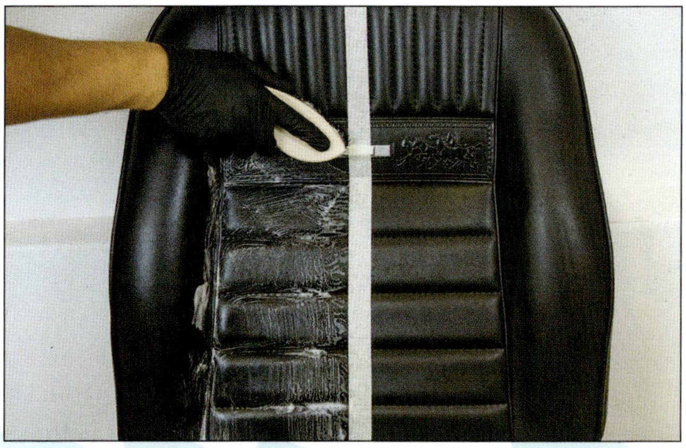

(2) Der Reiniger wird auf das Leder aufgetragen und mit einer weichen Bürste aufgeschäumt.

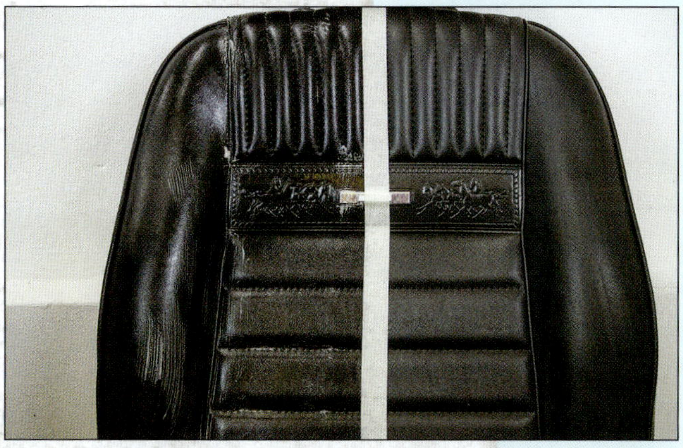

(3) Dann muss der Reiniger einwirken ...

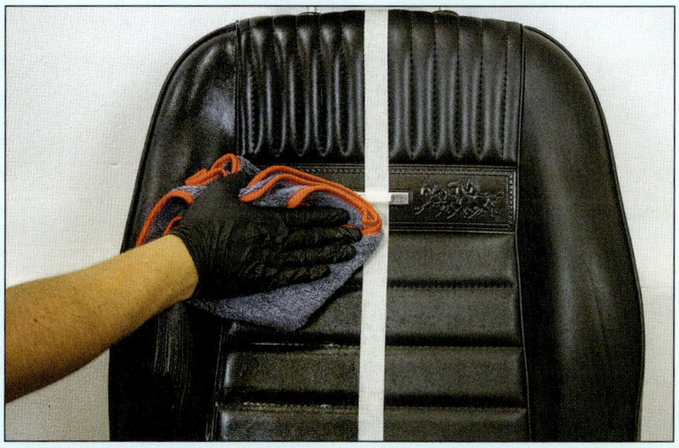

(4) ... und kann anschließend mit einem weichen Mikrofasertuch abgenommen werden.

(5) Der Vorher-Nachher-Vergleich kann sich sehen lassen!

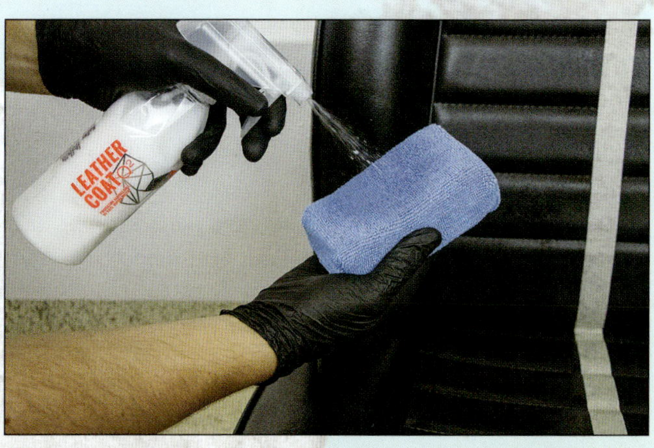

(6) Hiernach kümmern wir uns um den Schutz des Leders: Die durch die Reinigung geöffneten Poren müssen verschlossen/geschützt werden. Wir sprühen hierzu die Lederversiegelung auf einen Applicator Block ...

chen kann. Ein sehr anschaulicher Vergleich ist unsere Haut, die ja auch eingecremt werden muss, damit sie nicht austrocknet.

Die Reinigung und Pflege von Echt- und Kunstleder kann auf die gleiche Art und Weise durchgeführt werden. So nehmen wir im ersten Schritt einen Lederreiniger (speziell für Echt- oder Kunstleder); tragen das Produkt mit einer weichen Bürste auf das Leder auf und arbeiten es ein. Auf diese Weise lösen wir den Schmutz aus den Poren. Danach entfernen wir die Reste des Reinigers mit einem leicht feuchten Mikrofasertuch.

Je nach Verschmutzung des Leders wiederholen wir den Vorgang.

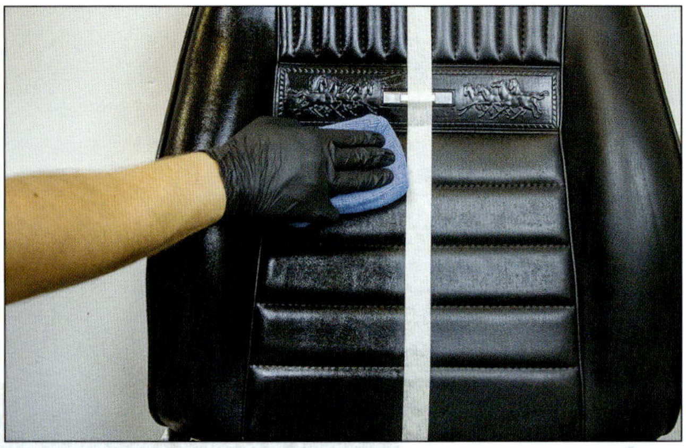

(7) ... und reiben sie ins Leder ein.

(8) Die Einwirkzeit ist auch hier abhängig von der Raumtemperatur und den Verarbeitungshinweisen des Herstellers. Wenn das Produkt soweit abgelüftet ist, ...

(9) ... können die Überschüsse mit einem weichen Mikrofasertuch abgenommen werden.

Im nächsten Schritt muss das nun gereinigte Leder versiegelt werden, so dass die Poren weitere Verschmutzungen nur schwer aufnehmen und das Leder zugleich gepflegt wird, so dass es schön weich und geschmeidig bleibt.

Dafür nehmen wir eine Lederversiegelung, tragen diese auf ein weiches Mikrofasertuch oder Applicator Block auf und verteilen sie sanft und sparsam (!) auf dem Leder. Das Mittel muss nun noch einige Minuten einziehen und ablüften, danach ist das Leder geschützt.

Tipp:
Wer nicht genug vom wohltuenden Lederduft bekommen kann oder dessen Sitze nicht mehr nach Leder riechen, der kann mit der Leather Essence von Colourlock nachhelfen.

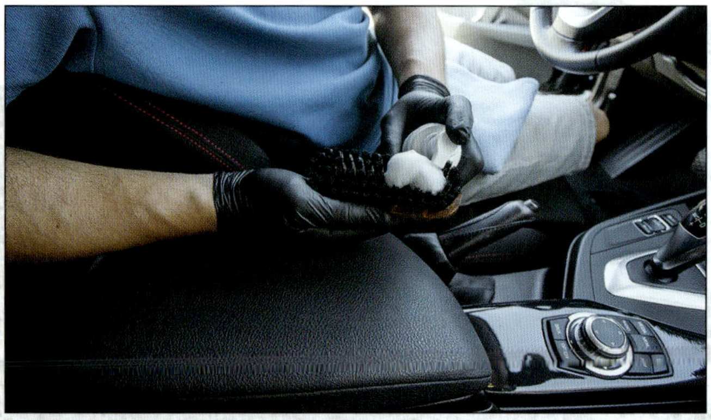

Ein stark beanspruchtes Teil ist die Mittelarmlehne. Hier verwenden wir ebenfalls einen sanften Reiniger für Leder und Kunstleder, geben etwas auf eine weiche Bürste ...

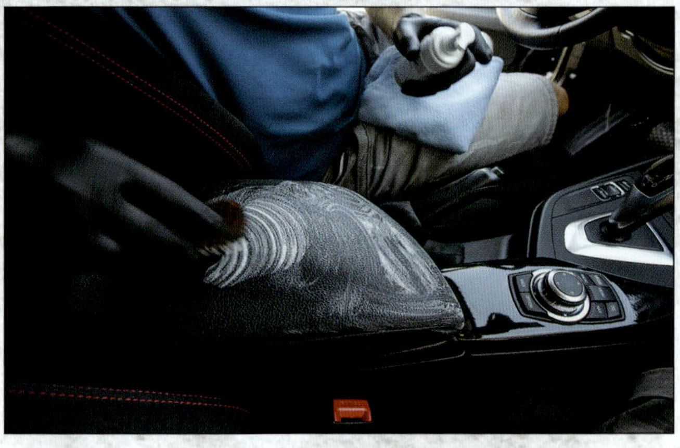

... und schäumen das Produkt auf. Für eine schonende Reinigung darf dabei nur sanfter Druck auf die Bürste ausgeübt werden.

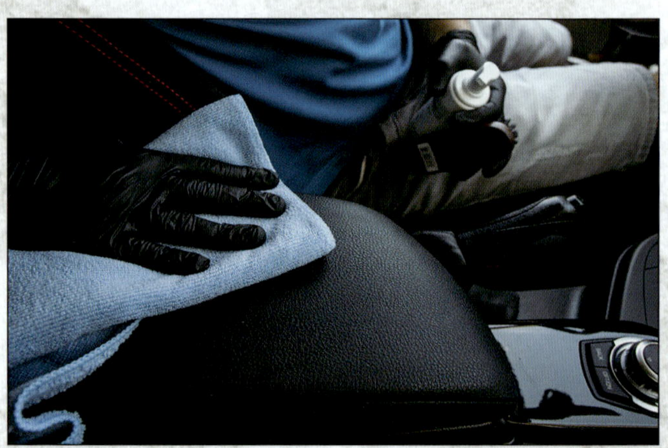

Überschüsse wieder mit einem weichen Mikrofasertuch abnehmen.

Polster- & Stoffpflege

Der erste Schritt auf dem Weg zu einem sauberen Innenraum ist das Aussaugen. Sehr gut geht die Arbeit mit einem leistungsstarken Industriesauger (z. B. Kärcher). Bei der Gelegenheit werden auch diverser Müll und lose Gegenstände aus dem Fahrzeug entfernt.

Optimal: ein eigener Industriesauger. Leistungsfähige Exemplare werden bereits ab 50 Euro angeboten. Mit der Blas-Funktion können übrigens nach dem Waschen Wasserreste aus verwinkelten Bereichen geblasen werden.

Selbstverständlich erfüllt auch der Staubsauger am Waschplatz seinen Zweck, allerdings muss immer auf den Zustand der Düsen geachtet werden.

Solche ramponierten Teile können im schlimmsten Fall die Bezugsstoffe beschädigen oder Kratzer auf Kunststoffteilen hinterlassen.

Tipp:

Wer den Platz dafür hat, für den kann ein Industriesauger eine lohnenswerte Investition sein. Die Staubsauger in den SB-Waschboxen haben oft beschädigte Düsen, mit denen eine Reinigung nicht spurlos an den Sitzstoffen vorbeigeht. Außerdem weiß man nie, welchen Schmutz der Vorgänger damit aufgesaugt hat (eventuell feuchtes Laub aus dem Motorraum oder Reste von Gartenabfällen aus dem Kofferraum).

(1) Zuerst werden mit der Bürste lose, grobe Verschmutzungen flächig abgesaugt.

(2) Mit der Fugendüse können wir perfekt den Schmutz in den Rundungen und zwischen den Sitzen entfernen.

(3) Bei hartnäckigen Verschmutzungen und Flecken kann eine druckluftbetriebene Reinigungspistole (siehe auch Beschreibung Seite 137) wertvolle Dienste leisten.

(4) Als Reiniger kommt ein All Purpose Cleaner (APC) zum Einsatz, der je nach Verschmutzungsgrad mehr oder weniger verdünnt wird (Mischungsverhältnis 1:10 für normale Verschmutzungen).

(5) Besonders bei stark verschmutzten Fußmatten erzielt eine druckluftbetriebene Reinigungspistole (auch als „Impuls-Reinigungspistole" bekannt) hervorragende Ergebnisse.

(6) Der erzeugte Minitornado zieht den Schmutz kraftvoll aus den Fasern. Für das hier gezeigte Gerät wird auch ein Adapter zum Anschluss an einen Industriesauger angeboten, der den feinen Nebel direkt absaugt.

(7) Nur leicht verschmutzte Fußmatten lassen sich problemlos mit einer Polsterbürste säubern: Mit einer Sprühflasche den verdünnten APC auftragen, ...

(8) ... mit der Bürste einreiben ...

(9) ... und mit einem Mikrofasertuch trockenreiben.

Arbeiten mit der Tornador

Die Tornador Gun kommt eigentlich aus dem Profibereich, allerdings ist diese druckluftbetriebene Reinigungspistole seit einiger Zeit auch bei Detailing-Enthusiasten sehr beliebt. Der Druckluftschlauch im Auslasstrichter rotiert spiralförmig und erzeugt so einen „Sog", der einem Tornado-Effekt sehr ähnlich ist. Dabei wird Reinigungsflüssigkeit sehr fein zerstäubt. Durch diese Technik kann die Reinigungspistole ideal zum Lösen von starken Verschmutzungen und festsitzendem Dreck aus Sitzpolstern, Fußmatten, Türeinstiegen, Türscharnieren oder dem Dachhimmel eingesetzt werden, aber auch für die Schmutzentfernung an schwer zugänglichen Stellen im Fahrzeug, wie Lüftungsgittern oder unter Schaltern bzw. an zerklüfteten Bereichen des Innenraums.

Geniales Prinzip: Der rotierende Schlauch erzeugt einen Sog, der eine gründliche Tiefenreinigung ermöglicht. Auch die Reinigung von verwinkelten, schwer erreichbaren Stellen wie im Motorraum oder zwischen den Sitzen gelingt perfekt.

Als Reinigungsflüssigkeit eignet sich ideal ein Allzweckreiniger (z. B. Koch Chemie Green Star).

Die **Anwendung** ist denkbar einfach: Den Reiniger können wir – je nach Grad der Verschmutzung – im Mischungsverhältnis von ca. 1:25 (1 Teil Produkt auf 25 Teile Wasser) verwenden. An einem einsatzbereiten Kompressor angeschlossen, drehen wir den Hebel an der Tornador so, dass etwas Reinigungsflüssigkeit rausgesprüht wird. Wir halten gleichzeitig ein Mikrofasertuch in der anderen Hand, wenn wir die einzelnen Bereiche behandeln – so verteilt sich die fein zerstäubte Flüssigkeit nicht im gesamten Fahrzeug. Wenn wir einen Bereich erfolgreich gereinigt haben können wir die Flüssigkeitszufuhr mit dem Hebel unterbrechen und arbeiten jetzt nur noch mit Luft. Damit blasen wir die restliche Reinigungsflüssigkeit samt Schmutz aus jeglichem Bauteil und jeder Ritze heraus.

Hinweis:
Die Tornador Gun benötigt je nach Modell einen starken Kompressor mit einem Arbeitsdruck von mindestens 4,5 bar und einer Fördermenge von mindestens 270 Litern pro Minute.

Zur Reinigung der Tornador schalten wir die Flüssigkeitszufuhr an, halten den Trichter in einen Eimer, der mit ca. 3 cm sauberem Wasser befüllt ist. Nun blasen wir mit der Tornador los; sie wird dann durch das Wasser gereinigt.

Für Sitze, Fußmatten und den Dachhimmel eignen sich Polsterreiniger, um Flecken und hartnäckige Verschmutzungen zu entfernen.

Ein gutes Hilfsmittel für die Reinigung von Polstern ist eine weiche Bürste, um das Produkt auf die Polster aufzutragen. Im Autopflegefachhandel gibt es spezielle Reinigungsbürsten, aber auch im Einzelhandel wird man bei der Suche nach weichen Bürsten fündig. Nach dem Einsatz von Reinigern sind Polster in der Regel noch feucht oder klamm. Hier kommen Baumwoll- oder Mikrofasertücher zum Einsatz, um den überschüssigen Reiniger aufzunehmen – so können die Polster schneller trocknen.

Besonders bei hellen Polstern oder sehr starken Verschmutzungen sind jedoch die Grenzen einer solchen normalen Reinigung erreicht: Wir empfehlen in hartnäckigen Fällen den Einsatz eines Sprühextraktionsgerätes, das es auch in vielen Baumärkten zu mieten gibt.

Nachdem wir alle Oberflächen im Innenraum gereinigt haben, können Polster und Stoffe auch versiegelt werden. Eine solche Behandlung beugt einer starken Fleckenbildung vor und verlangsamt die Neuverschmutzung. Je nach Hersteller unterscheidet sich die Anwendung, daher hierzu die Herstellervorgabe beachten.

Flecken aus Stoff entfernen

Wasserflecken, Erbrochenes, Schmutz von der Straße oder der verschüttete Kaffee: Eines der häufigsten Probleme bei der Innenraumreinigung sind Flecken. Egal ob Sitze, Fußmatten, der Stoffbezug der Seitenverkleidung oder doch im Dachhimmel – alle Bereiche können davon betroffen sein. Hier ist unsere Step-by-Step-Anleitung für die Beseitigung solcher Flecken:

Im ersten Schritt nehmen wir uns einen Stoffreiniger und sprühen ihn nicht nur gezielt auf die verschmutzte Stelle, sondern wenden ihn großflächig an. So ist es bei einem Autositz ratsam, immer von Naht zu Naht zu arbeiten. Auf diese Weise fällt nach der Reinigung nicht eine einzelne Stelle ins Auge, weil sie sich durch die Reinigung optisch vom angrenzenden Bereich abhebt und dadurch erst recht auffallen würde.

Je nach Produkt lassen wir es nun einige Zeit einwirken und nehmen uns dann eine weiche Bürste, besprühen die Borsten mit dem Stoffreiniger und bürsten den zu reinigenden Stoff sanft, so dass wir den Schmutz lösen und aus den Fasern „nach oben holen".

Im Anschluss nehmen wir uns ein trockenes kurzfloriges Mikrofasertuch und reinigen damit den Stoff, indem wir den nun gelösten Schmutz durch Reiben aufnehmen. Je nach Stärke und Menge der Verschmutzung sollten wir das Ergebnis nun auch in dem Mikrofasertuch sehen.

Nachdem wir den Stoff so gereinigt haben, müssen wir ihn nun trocknen lassen. Ein Nass-Trockensauger kann natürlich den Trockenvorgang beschleunigen.

Bei Bedarf kann die Reinigungsprozedur selbstverständlich wiederholt werden, um den gesamten Schmutz aus dem Stoff zu entfernen.

Tipp:

Sollte es sich um so hartnäckige Verschmutzungen handeln, dass scheinbar nichts wirklich hilft, gibt es noch die Möglichkeit, solche Bereiche mit Hilfe einer Trockeneisreinigung von einem professionellen Fahrzeugaufbereiter behandeln zu lassen.

(1) Beliebte Schmutzfalle: die verstellbare Oberschenkelauflage. Zuerst wird überall im Fahrzeug loser Schmutz mit dem Staubsauger gründlich entfernt.

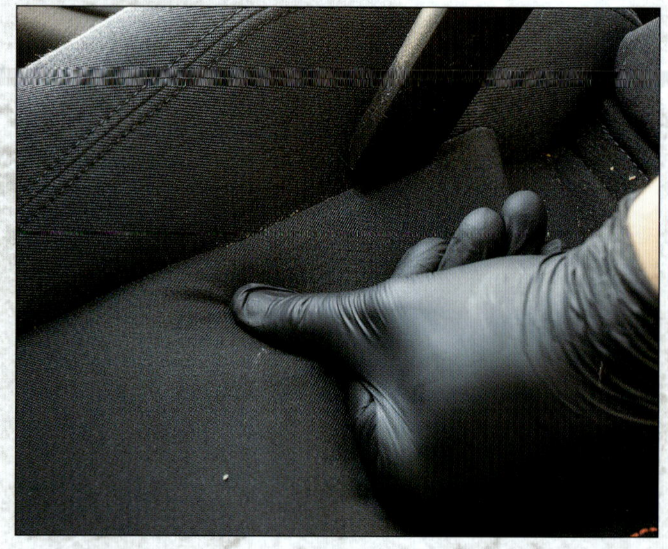

(2) Mit etwas Druck auf die Polster kann auch der Dreck im angrenzenden Nahtbereich vollständig abgesaugt werden.

(3) Der untere Bereich von Lehne und Sitzfläche sammelt besonders gerne der Alltagsschmutz. Die Sitzlehne nach hinten stellen, um alle Stellen gut zu erreichen.

(4) Wenn die Polster soweit abgesaugt sind, kann mit der Reinigung begonnen werden.

(5) Auf den vorderen Sitzen sind eingetrocknete Wasserflecken eine der am häufigsten anzutreffende Verunreinigung.

(6) Der betreffende Bereich wird mit einem verdünnten Polsterreiniger oder APC großzügig eingesprüht. Sollen wie hier nur lokale Flecken beseitigt werden, wird der angrenzende Bereich abgedeckt.

(7) Je nach Verschmutzung wird der Reiniger mit einer weichen Bürste verteilt oder bei nur leichten Flecken mit einem Mikrofasertuch eingerieben.

(8) Anschließend wird der Bereich mit einem sauberen Tuch abgetrocknet.

(9) Bei großflächigen und starken Verschmutzungen kann auch ein sprühbarer Polsterreiniger eingesetzt werden.

(10) Die Anwendung ist einfach: Produkt vorsichtig aufsprühen, damit möglichst kein Reinigungsschaum auf andere Teile gelangt (alternativ: Produkt mit einem Tuch auftragen).

(13) Im letzten Schritt werden die Überschüsse abgenommen und der Stoff mit einem Mikrofasertuch trockengerieben.

(11) Danach den Reiniger einwirken lassen ...

Tipp:

Bei Blutflecken hilft ein in Wasser verdünnter Hustenloser in Tablettenform, um den Fleck anzulösen. Der Rest kann mit einem Sprühextraktionsgerät entfernt werden.

Für erfahrene Anwender oder für Detailing-Fans mit viel Feingespür gibt es noch eine Methode, sehr hartnäckige Verschmutzungen aus Stoffsitzen zu entfernen: Eine so genannte Drill Brush zum Aufstecken auf einem Akkuschrauber oder einer Poliermaschine (z. B. Rupes iBrid Nano). Dabei handelt es sich um eine flache Scheibe mit Kunststoffborsten (ähnlich einer Topfscheibe), die in verschiedenen Härtegraden angeboten wird. Damit kann so ziemlich jede Verschmutzung kraftvoll entfernt werden!

(12) ... und dann mit einer weichen Bürste einreiben.

Keine Methode für Grobmotoriker: Bei extrem hartnäckigen Flecken kann bei vorsichtiger Anwendung ein Akkuschauber mit einem Bürstenaufsatz eine Lösung darstellen.

Achtung:
Bei dieser sehr rabiaten Methode müssen wir sehr gut aufpassen, dass der Bezugstoff nicht beschädigt wird. Darum sehr vorsichtig an diese Art der Reinigung herangehen.

Kunststoffreinigung & -pflege

Herkömmliche Innenraumreiniger sind für nahezu alle Kunststoffoberflächen geeignet. Insbesondere bei älteren Fahrzeugen sollte jedoch das jeweilige Produkt – sicherheitshalber – vorab an einer nicht sichtbaren Stelle getestet werden.

Viele Innenraumreiniger sind nicht nur für Kunststoffoberflächen geeignet, sondern auch für Gummi, Vinyl und Leder. Bei manchen Produkten genügt es, ein wenig davon auf ein Mikrofasertuch aufzutragen und über die Flächen zu wischen. Kunststoff-Pflegeprodukte hingegen müssen häufig nach einer kurzen Ablüftzeit abgewischt werden, um keine Schlieren zu hinterlassen. Dazu die genauen Anwendungshinweise auf dem jeweiligen Produkt beachten.

Bevor wir uns den Kunststoffteilen im Innenraum widmen, werden Staub und loser Schmutz mit dem Staubsauger abgesaugt. Dafür einen Vorsatz mit weicher Bürste (Rosshaar) verwenden.

Besonders verwinkelte Bereiche und Lüftungsdüsen können auf diese Weise sehr schonend gesäubert werden. Achtung: Nicht mit der Rosshaar-Bürste auf Tachoscheibe oder Navi-Display kommen.

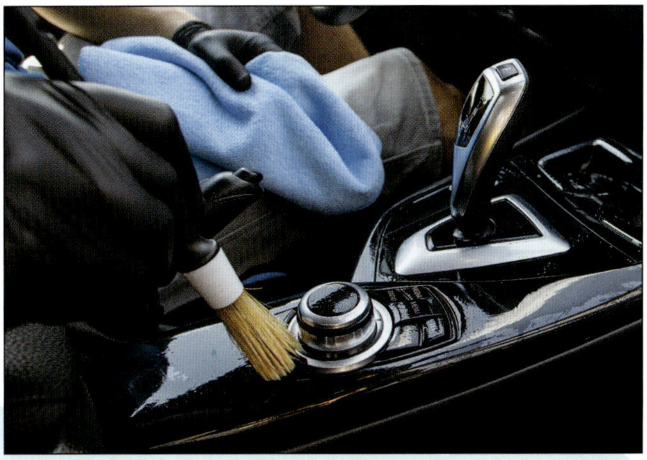

Für die Reinigung empfindlicher Interieurleisten wird ein weicher Pinsel mit einem sanften Reiniger eingesprüht und die zu behandelnde Fläche ohne Druck gesäubert.

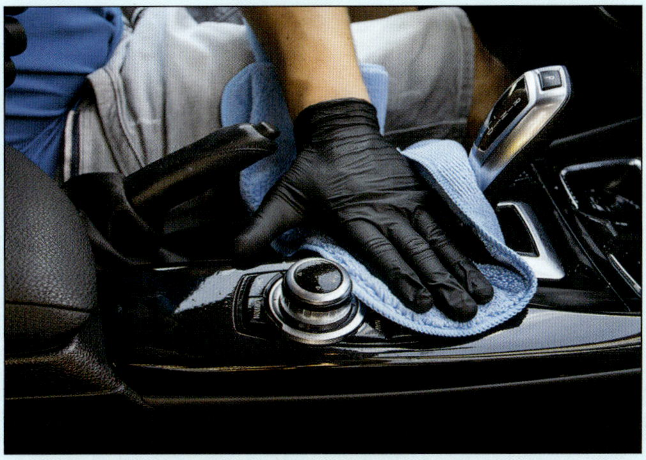

Mit einem weichen Mikrofasertuch wird dann nochmal nachgewischt.

Hinweis:
Innenraumreiniger und auch Glasreiniger sollten generell niemals für die Reinigung einer Tachoscheibe oder eines Navi-Displays verwendet werden. Denn oftmals sind Innenreiniger alkoholhaltig oder alkalisch und können dadurch die empfindlichen Oberflächen angreifen und beschädigen. Für die richtige Reinigung dieser empfindlichen Oberflächen eignet sich beispielsweise der Allround Surface Cleaner aus dem Hause Koch Chemie.

(1) Um den Schmutz auch aus den letzten Ecken der Bedientasten am Multifunktionslenkrad zu entfernen, blasen wir mit der Reinigungspistole etwas verdünnten APC auf die schwierig zu reinigenden Stellen. Dazu den Mischhebel am Gerät nur ganz wenig öffnen! Achtung: Sehr sparsam dosieren – zu viel Reiniger kann für die Elektronik schädlich sein!

(2) Dann den Mischhebel vollständig schließen und nur mit Druckluft den Bereich trocknen.

(3) Nach derselben Methode wird die andere Seite behandelt. Ein Mikrofasertuch verhindert, dass das Spray sich eventuell unkontrolliert im Innenraum verteilt.

(4) Mit einem weichen Mikrofasertuch werden Reste abgenommen – der ganze Bereich sieht jetzt nicht nur wieder richtig sauber aus, er ist es auch.

(5) Selbstverständlich ist hier der Einsatz einer Reinigungspistole nicht zwingend erforderlich – ein weicher Pinsel erfüllt diese Aufgabe ebenfalls. Der APC wird sorgfältig auf Lenkradkranz und Bedienelementen ganz dünn verteilt; auch hier gilt wieder: weniger ist mehr.

(6) Mit einem weichen Mikrofasertuch wird der Reiniger mitsamt dem gelösten Dreck aufgenommen.

(7) Das Tuch zeigt eindrucksvoll: Die Reinigung war erfolgreich.

(8) Der in den Armlehnen und den Bedienschaltern der Fensterheber gesammelte Schmutz lässt sich mit einer Reinigungspistole schnell und einfach entfernen.

(9) Nach einem Durchgang mit Reinigungsflüssigkeit sorgt die anschließende Druckluft für eine schnelle Trocknung.

(10) Der Getränkehalter der Mittelkonsole bei diesem BMW 1er ist eine sehr effektive Dreckfalle.

(11) Auch in diesem Bereich kann die Reinigungspistole perfekt ihre Vorzüge demonstrieren: Der tornadoartige Luftstrom mit der beigemischten Reinigungsflüssigkeit ...

(12) ... beseitigt alle Ablagerungen. Grobe Überschüsse werden durch das Mikrofasertuch aufgenommen. Der anschließende Durchgang mit Druckluft beschleunigt den Trocknungsprozess.

(13) Mit extrem wenig Reinigungsflüssigkeit und wenig Druckluft können auch Verschmutzungen und Fingerabdrücke von den empfindlichen Oberflächen der Radio- und Klimaanlagen-Bedienteile entfernt werden.

(14) Nach der Reinigung gründlich die Überschüsse aufnehmen und den gesamten Bereich mit viel Luft trocknen.

(15) Alle hier beschriebenen Pflegemaßnahmen können auch mit einem Pinsel bewerkstelligt werden. Immer beachten: Stets sehr wenig Reiniger verwenden!

Einstiegsbereiche

Um die hässlichen Streifen und Abriebe vom Ein- und Aussteigen in das Fahrzeug von Kunststofftürverkleidungen zu entfernen, eignet sich ein sehr guter Kunststoffreiniger (z. B. Koch Chemie MultiInteriorCleaner). Wir geben etwas Reiniger auf ein kurzfloriges Mikrofasertuch und wischen über den zu säubernden Bereich.

Bei starker Verschmutzung lohnt es sich, einen so genannten Magic Sponge („Zauberschwamm") in Verbindung mit einem Kunststoffreiniger zu benutzen. Dieser Schwamm wirkt abrasiv und reinigt die Oberfläche porentief.

(1) Besonders die Leisten im Einstiegsbereich sehen mit der Zeit durch Schuhstriemen und Schmutz sehr mitgenommen aus.

(2) Dieser Bereich wird zunächst einmal mit einem guten Kunststoffreiniger gesäubert.

(3) Die auffälligsten Spuren sollten damit bereits entfernt sein.

(4) Bei hartnäckigen Spuren (z. B. Sohlenabrieb, Schuhcreme) kann ein abrasiver Schmutzradierer (feinporiger Spezialschwamm) beim Entfernen der Verschmutzungen helfen.

(5) Achtung: Nicht zu viel Druck ausüben!

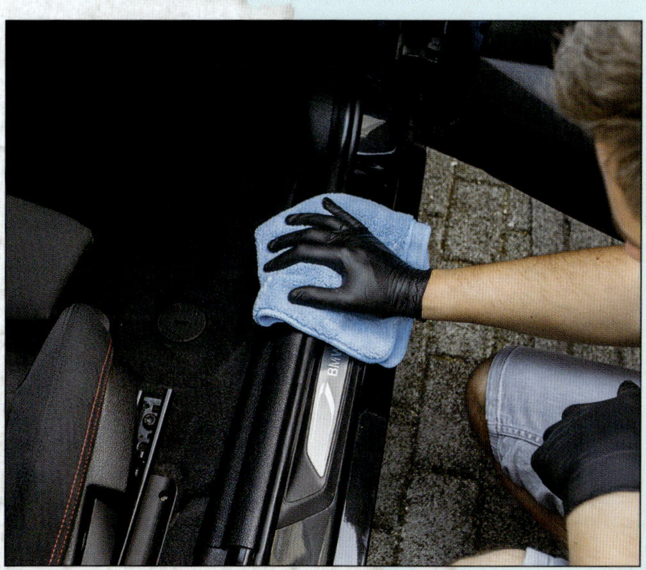

(6) Mit einem Mikrofasertuch werden die Reste entfernt. Anschließend sorgt ein Kunststoffpfleger für Tiefenglanz.

Hinweis:
Beim Einsatz eines Magic Sponge muss darauf geachtet werden, dass der Schwamm immer mit genug Reiniger benetzt ist – ansonsten entstehen unschöne Stellen auf Kunststoffoberflächen.

Im nächsten Schritt sollten wir den Kunststoff noch mit einem geeigneten Pflegemittel (beispielsweise Koch Chemie Refresh Cockpit Care oder Meguiars Quik Interior Detailer) behandeln – so beugen wir dem Prozess des Austrocknens vor und sorgen gleichzeitig für frische Optik.

Pedal-Gummis reinigen

Ein häufig vernachlässigter Bereich ist die Pedalerie. Dabei sind sauberer Pedalgummis durchaus wichtig für einen guten Kontakt zur Schuhsohle. Um den Dreck zu entfernen, nehmen wir etwas APC und besprühen damit die Gummis. Anschließend schäumen wir den Reiniger mit einem Pinsel auf und nehmen die Verschmutzung mit einem alten Mikrofasertuch gründlich ab.

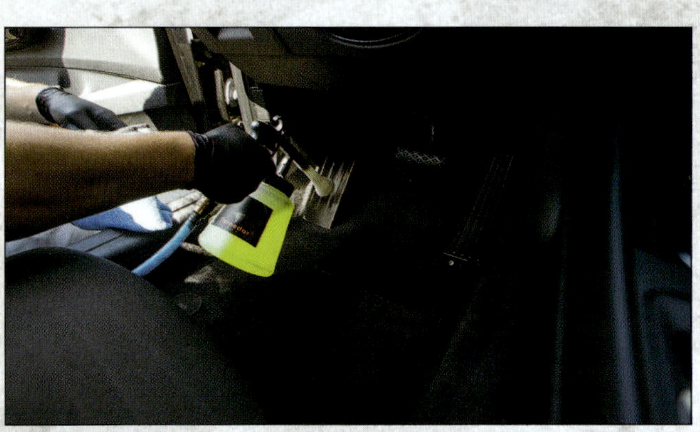

Oft vernachlässigt: Pedalgummis und Fußstütze – verschmutzte Gummis bedeuten Rutschgefahr! Ein verdünnter APC wird aufgesprüht; in ganz schwierigen Fällen helfen die Reinigungspistole, ein Pinsel oder eine Bürste.

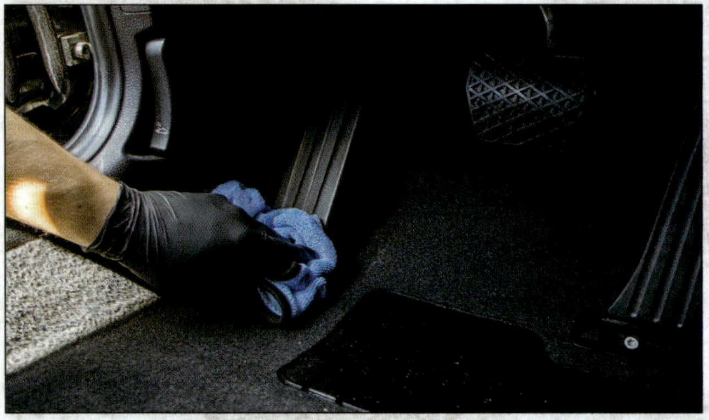

Anschließend den gelösten Schmutz und Reinigerreste mit einem Tuch entfernen. Beachten: Pedalgummis gut abtrocknen und nicht mit Pflegemittel behandeln!

Hierbei ist es sehr wichtig, dass wir keinen Reiniger verwenden, der eine rutschige Schicht auf den Pedalen hinterlässt, so dass wir mit den Schuhen keinen richtigen Grip mehr auf den Pedalen haben.

Reinigung und Pflege des Armaturenbretts

Beim Armaturenbrett unterscheidet man grundsätzlich 2 verschiedene Ausführungen: solche aus Kunststoff – Softtouch oder Hartplastik – oder aber bezogene Armaturenbretter (Stoff oder Leder).

Bei den Kunststoffausführungen reinigen und pflegen wir diese wie üblich mit einem Kunststoffreiniger (in schweren Fällen auch mit einem APC) und Pflegemittel.

Bei Stoff sowie Leder gehen wir ebenso wie bei der Stoff- und Lederreinigung und -pflege vor.

Um das Armaturenbrett zu reinigen, geben wir ein paar Sprühstöße Kunststoffpflegemittel in ein weiches Mikrofasertuch …

… und verteilen das Produkt auf der Oberfläche.

Spezielle Oberflächen

In immer mehr Neufahrzeugen werden empfindliche **Touchscreens** verbaut. Die intuitive Bedienung des Interfaces hat einen Nachteil: Staub und Fingerabdrücke sind sofort sichtbar.

Die Reinigung sollte mit speziellen Produkten erfolgen, die zwar rückstandslos reinigen, jedoch keinen hohen Alkoholgehalt besitzen oder alkalisch sind. Alkohol und alkalisch eingestellte Reiniger können die empfindliche Kunststofflaminierung angreifen und zu einem Grauschleier führen.

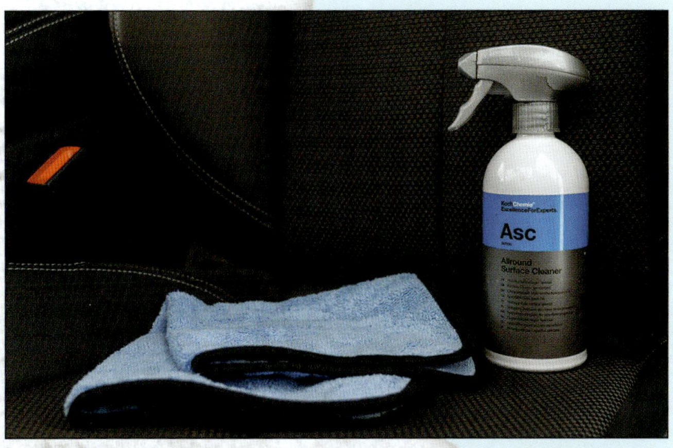

(1) Um Fingerabdrücke, Staub, Fett und ähnliche Verschmutzungen von empfindlichen Oberflächen rückstandslos und streifenfrei zu entfernen ist ein milder Allzweckreiniger (z. B. Allround Surface Cleaner von Koch Chemie) perfekt.

(2) Losen Staub auf empfindlichen Oberflächen wie Navi-Display, ...

(3) ... oder Hochglanzoberflächen wie Bedienteilen oder Interieurleisten ...

(4) ... können sehr schonend mit einem Swiffer entfernt werden. Diese Methode eignet sich übrigens auch hervorragend für eine Schnellreinigung zwischendurch.

(5) Wenn Fingerabdrücke und gröbere Verschmutzungen entfernt werden sollen, ist ein besonders milder „Alles- Reiniger" gefragt, wie dieser ASC (All Surface Cleaner).

(6) Etwas ASC auf ein Waffeltuch geben, und ohne viel Druck über die Oberfläche gleiten ....

(7) Der ASC kann auch mit dem Pinsel oder in einer Reinigungspistole wie der Tornador aufgetragen werden.

Tierhaare restlos entfernen

Um Tierhaare problemlos von Sitzen und Teppich zu entfernen, nehmen wir eine weiche Bürste, deren Borsten aus Gummi bestehen. Damit können die Haare perfekt aufgenommen werden.

Alternativ zu der Gummibürste eignen sich auch die Gummihandschuhe, die wir für unseren Arbeitsschutz verwenden. Wir streichen also mit dem Gummihandschuh an der Hand über die betroffenen Bereiche und nehmen die Haare so auf.

Extreme Gerüche und deren Ursache beseitigen

Ob Lebensmittelreste wie eine faulende Bananenschale, Hundekot unter den Schuhen oder Erbrochenes: Die Herangehensweise für die Reinigung und **Beseitigung extremer Gerüche** ist immer gleich. Im ersten Schritt müssen wir die Geruchsquelle identifizieren und die Ursache beseitigen. Dazu Handschuhe anziehen und festen Müll wie die besagte Bananenschale entsorgen. Bei Flüssigkeiten oder Erbrochenem verwenden wir ein paar alte Mikrofasertücher und nehmen den Oberflächenschmutz auf.

Um die Flecken dieser Verschmutzungen zu beseitigen, muss der Bereich jetzt mit einem APC oder Stoffreiniger eingesprüht und mit einer Bürste gereinigt werden. Im Anschluss nehmen wir ein feuchtes Mikrofasertuch und entfernen den gelösten Schmutz.

Um nun noch den Gestank zu entfernen, eignen sich leider keine Duftsprays, Duftbäume oder Lufterfrischer in Dosen. In diesen extremen Fällen benötigen wir einen Geruchsneutralisierer, der die übel riechenden Geruchsmoleküle einkapselt und somit beseitigt, also nicht nur überdeckt – wie dies bei Duftsprays der Fall ist.

Sollte diese Behandlung nicht ausreichen und der Gestank danach noch weiter vorhanden sein, können wir den Prozess nochmal wiederholen. Wenn sich auch jetzt nicht der gewünschte Erfolg einstellt, hilft nur noch ein Ozon-Generator weiter.

So ein Ozon-Generator erzeugt auf Basis von Luftsauerstoff oder Wasser ein Ozon, mit dem der Geruch neutralisiert wird. Das erzeugte Ozon dient dabei als äußerst reaktives Oxidationsmittel, das Geruchsmoleküle aufspaltet und so neutralisiert. Weiterer Vorteil: Nach einer entsprechenden Wartezeit zerfällt das Ozon wieder zu Sauerstoff, ohne dabei schädliche Rückstände zu hinterlassen.

Solche Geräte kann man sich im Fachhandel ausleihen oder man bittet einen professionellen Fahrzeugaufbereiter um ein entsprechendes Angebot für eine Ozon-Behandlung.

Ein Extremfall ist die **Beseitigung von Zigarettengeruch.** Wer hat das nicht schon mal erlebt: Traumauto gefunden und gebraucht gekauft, doch der Vorbesitzer war Raucher. Bei der Neutralisierung von Zigarettengeruch im Auto gilt ebenfalls das oben beschriebene Prinzip: Reste beseitigen – alles gründlich reinigen – Geruchsbekämpfung.

Als Erstes natürlich – ganz klar – den Aschenbecher leeren und gründlich reinigen. Ist dessen Kunststoff schon leicht angebrannt, empfiehlt sich der Neukauf eines Aschenbecher-Einsatzes. Dasselbe gilt für einen gebrauchten Zigarettenanzünder. Natürlich wechseln wir auch Pollen- und Innenraumfilter, in denen sich Nikotin festgesetzt hat. Somit haben wir uns auf einfache Weise bereits einiger Geruchsquellen entledigt.

Jetzt kommt der schwierige Teil: Rauch und Nikotin setzen sich in jeder kleinsten Ecke des Autos fest. Also müssen nun Dachhimmel, Sonnenblenden, Armaturenbrett und die Plastikverkleidung der Sitze sowie die Türverkleidungen gründlich gereinigt werden. Dabei ist es wichtig, auch die Bereiche hinter den Türverkleidungen sowie die Fächer in den Mittelarmlehnen, Getränkehalter und Ablagefächer im Fondsbereich gründlich zu reinigen. Anschließend werden alle Bauteile großzügig mit einem guten Geruchsneutralisierer behandelt – bei Bedarf auch mehrmals.

Sollte der Vorbesitzer ein so starker Raucher gewesen sein, dass der Zigarettengeruch trotz intensiver Reinigung immer noch präsent ist, bietet sich auch hier der Einsatz eines Ozongenerators an, um den üblen Geruch vollständig zu beseitigen.

Spuren der Kinder – Abdrücke von Schuhen

Abdrücke von Schuhen auf den Sitzen sind unansehnlich und müssen entfernt werden. Hierzu sprühen wir die betroffenen Bereiche mit etwas APC oder Kunststoffreiniger ein und wischen mit einem Mikrofasertuch nach. Bei hartnäckigen Verschmutzungen können wir mit einer Bürste arbeiten.

Für alle Eltern von sehr aktiven Kindern: Präventiv kann ein Fahrzeug vor den üblichen Verschmutzungen der Kleinen geschützt werden. So bietet der Zubehörhandel Sitzunterlagen für den Kindersitz an. Diese Unterlagen haben oft auch noch praktische Taschen, in denen Spielsachen oder auch eine Trinkflasche verstaut werden können.

Für die Vordersitze gibt es ebenfalls praktische Rückenlehnen-Schutzmatten. Wenn die ansonsten lieben Kinder aus welchem Grund auch immer wieder einmal gegen die Vordersitze trampeln, bleibt das zumindest für die Sitze folgenlos. Auch bei diesen Schutzmatten bieten zahlreiche Taschen und Netze ausreichend Platz zum Verstauen von Spielsachen, Flaschen, Tüchern u.v.m.

Duftspray & Co. – alles für einen frischen Innenraum

Düfte sollten im Auto nie fehlen, denn ein frischer Innenraum sorgt für Wohlempfinden, besonders wenn wir sehr viel Zeit in dem Fahrzeug verbringen. So gibt es Duftsprays, Duftbäume in sehr coolen Variationen und auch so genannte Duftdosen. Die Wirkung der Produkte hält zwar unterschiedlich lang an (mehrere Tage bis mehrere Wochen), eines haben sie aber alle gemeinsam: Sie verändern den Geruch im Innenraum positiv.

Dabei sind Hersteller wie Chemical Guys bei ihren Duftkreationen sehr innovativ und einfallsreich: So gibt es Duftnoten, die nach Vanille, Kaugummi, Früchten oder Leder riechen.

Die Anwendung eines Duftsprays ist denkbar einfach: 2 bis 3 Sprühstöße auf die hinteren Fußmatten (durch die Lüftung des Autos verteilt sich der Geruch im gesamten Fahrzeug) und der Wagen duftet einige Tage angenehm.

Hinweis:
Damit bei häufiger Anwendung die Fußmatten nicht eventuell verkleben, kann einfach ein altes Stück Stoff oder T-Shirt besprüht werden und unter den Vordersitzen platziert werden. Es gibt übrigens auch geruchslose Duftträger in coolen Formen, die wir mit unserem Lieblingsduft einsprühen können.

Neben zahlreichen Duftsprays gibt es auch die bekannten Duftbäume, deren verschiedene Formen und aufgedruckte Sprüche oder Statements sehr schön zur Individualisierung von Fahrer und Fahrzeug dienen können …

Last but not least gibt es auch noch die Duftdosen: Über eine stufenlos einstellbare Öffnung im Deckel kann die Intensität des Duftes gesteuert werden. Mit einer Duftdauer von ca. 2 bis 3 Monaten funktionieren diese Dosen am längsten von allen Duftprodukten.

Muss kein Baum sein: Duftbäume gibt es auch mit ansprechendem Design. Ein guter Duft überzeugt durch sein angenehm dezentes Aroma und eine lange Wirkdauer.

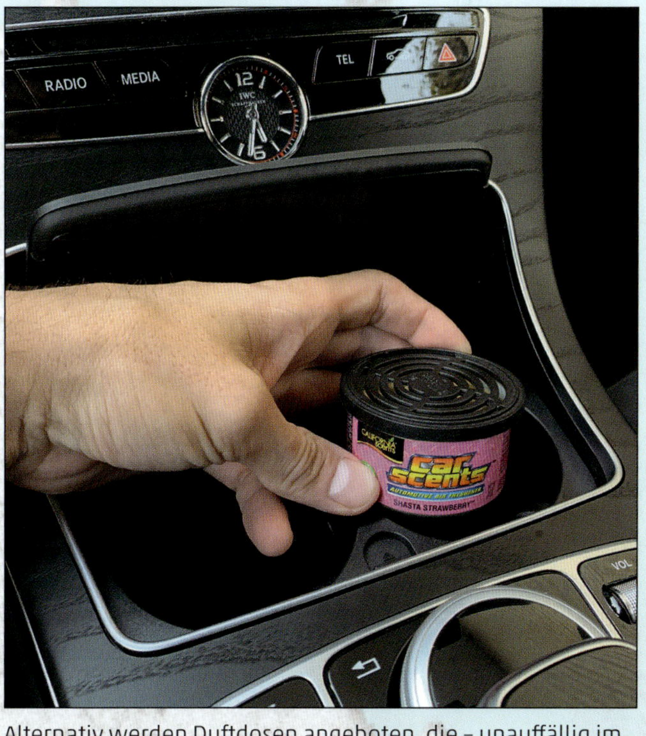

Alternativ werden Duftdosen angeboten, die – unauffällig im Innenraum untergebracht – gut 2 bis 3 Monate die Fahrgastzelle erfrischen.

WINTER-AUTOPFLEGE

12

Winter-Autopflege

Autopflege ist nicht nur ein Sommerthema – ganz im Gegenteil: Besonders im Herbst und Winter ist es wichtig, Laub, Matsch, Schmutz, Regenspuren und natürlich Eis- und Streusalzreste regelmäßig zu entfernen, damit diese Verschmutzungen den Lack nicht beschädigen.

Auch wenn die Winterzeit nicht die angenehmste Jahreszeit für die Autowäsche ist: Solche Schneereste sollten möglichst schnell entfernt werden.

Die ideale Vorbereitung auf den Winter erfolgt eigentlich schon im frühen Herbst: Jetzt ist es an der Zeit, dass wir uns um die Tür- und Kofferraumgummis kümmern. Mit einem alten Mikrofasertuch und etwas verdünntem APC oder einem speziellen Gummireiniger säubern wir zunächst gründlich die Gummidichtungen und tragen anschließend einen Gummipfleger (z. B. SONAX Gummipfleger oder Koch Chemie NanoMagicPlastCare) auf. Diese Prozedur sollte ein paar Mal wiederholt werden, um die Gummis ausreichend zu pflegen und geschmeidig zu halten, bevor eisige Temperaturen einsetzen und Türen zufrieren, die dann mit Gewalt aufgemacht werden müssen – sehr zum Leidwesen der Gummis.

Tipp:
Wer das ganze Jahr über den Gummidichtungen etwas Pflege gönnt, hat jeden Winter geschmeidige Dichtungen, die nur schwer anfrieren.

Geschmeidiges Gummi: Wer das ganze Jahr über die Gummidichtungen seines Fahrzeugs reinigt und pflegt, der hat im Winter auch keine Probleme mit zugefrorenen Türen.

Tipp:
Die Dichtungen unter der Motorhaube nicht vergessen!

Ein weiterer wichtiger Punkt für den Winterbetrieb ist der richtige Frostschutz für die Scheibenwaschanlage. Ein gutes Scheibenfrostschutzmittel sorgt nämlich nicht nur dafür, dass das Scheibenwaschwasser bei Minustemperaturen flüssig bleibt, sondern hat auch eine gute Reinigungswirkung. So-

Rechtzeitig vor den ersten Minusgraden sollte ein Scheibenfrostschutzmittel in die Waschanlage eingefüllt werden. Dabei muss darauf geachtet werden ...

fern das Mittel keinen Reiniger integriert hat, dann müssen wir zu dem Frostschutz noch einen separaten Reiniger ergänzen – hier muss natürlich gewährleistet sein, dass sich Reiniger und Frostschutz miteinander vertragen (z. B. Dr. Wack Scheibenreiniger).

An dieser Stelle noch einmal eine klare Warnung vor Billigprodukten aus dem Discounter: Diese Mittel beinhalten häufig sehr viel Alkohol, um einen

… dass neben guter Reinigungsleistung, Lack-, Gummi- und Kunststoffverträglichkeit das Scheibenfrostschutzmittel auch für XENON-Scheinwerfer und Kunststoffstreuscheiben in Klarglasoptik geeignet ist.

Gefrierschutz auch bei sehr tiefen Temperaturen zu gewährleisten. Einerseits gut, andererseits schadet der Alkohol aufgrund der stark entfettenden Wirkung den Dichtungen, Wischergummis und dem Lack bzw. einer Wachsschicht oder Versiegelung. Ebenfalls nicht unproblematisch sind die Kunststoffgläser moderner Scheinwerfer, die bei einer eingebauten Scheinwerferwaschanlage kräftig abgeduscht werden – mit der Folge, dass der Kunststoff angriffen wird.

Bei schneebedecktem Fahrzeug müssen wir zusehen, die „weiße Pracht" möglichst sanft und schonend für den Lack herunterzubekommen. Ideal als Schneebesen geeignet sind kleine Handfeger mit Pferdehaaren (Rosshaar). Diese Haare sind sehr weich, so dass sie keine oder nur ganz leichte Kratzer auf dem Lack des Fahrzeuges verursachen können. Auf gar keinen Fall dürfen Schneebesen mit Plastikborsten verwendet werden, da hier Lackschäden höchstwahrscheinlich sind.

Hinweis:
Der Fahrer ist übrigens nach § 23 Straßenverkehrs-Ordnung (StVO) verpflichtet, für die Fahrsicherheit zu sorgen. Dazu gehört auch vor Fahrtbeginn, die gefährliche Dachlast zu entfernen, schließlich können hinterherfahrende Autos durch herabfliegenden Schnee oder Eis gefährdet werden.

Ein weiteres winterliches Ärgernis sind vereiste Scheiben: Hier helfen Scheibenenteiser, die auf die Scheibe aufgesprüht werden und nach nur einigen Sekunden werden die Glasflächen vom Eis befreit. Bei dem verwendeten Spray sollte aber unbedingt darauf geachtet werden, welche Inhaltsstoffe diese Mittel haben, denn sonst können die Gummis und Kunststoffteile des Autos (Fensterdichtung, Verkleidung am unteren Teil der Windschutzscheibe etc.) spröde werden und reißen. Aus diesem Grund bieten einige Hersteller Enteisersprays mit

Ein Handfeger mit weichem Rosshaar kann bedenkenlos verwendet werden, um den Schnee – für den Lack gefahrlos – vom Fahrzeug zu „kehren". Alle anderen Hilfsmittel können Kratzer verursachen.

Auf schonende Art und Weise das Eis loswerden: Scheibenenteiser sorgen schnell wieder für Durchblick und schützen vor Wiedervereisung. Das beigemischte Glycerin hält die Gummis geschmeidig.

Glycerin an – diese halten die Gummis und Kunststoffe des Fahrzeugs sogar noch geschmeidig und haben eine pflegende Wirkung. Außerdem gibt es Scheibenenteiser, die zusätzlich eine Schutzschicht auf dem Glas hinterlassen, deren Abperleffekt vor weiteren Verschmutzungen und erneuter Vereisung schützt.

Sind die Scheiben so dick vereist, dass auch der Enteiser an seine Grenzen stößt, muss ein richtiger Eiskratzer zum Einsatz kommen. Mit einem guten Eiskratzer kann eine Scheibe problemlos und schnell vom Eis befreit werden. Und was macht einen guten Eiskratzer aus? Unserer Meinung nach sollte ein guter Kratzer über eine Messingklinge verfügen, damit er nicht wie herkömmliche Eiskratzer aus Kunststoff nur mühselig das Eis zerbricht, sondern es mit der Klinge sauber unterfahren und von der Scheibe lösen kann. Die Kunststoffteile zerbrechen zudem auch gerne einmal oder die Kunststoffklinge ist so beschädigt,

Regelmäßiges Scheibenreinigen im Winter sorgt dafür, dass die Scheibe nicht ganz so schnell vereist. Eine Scheibenversiegelung kann ebenfalls dazu beitragen, dass das Eis nicht richtig haftet.

Im Herbst die Scheibenwischer reinigen und kontrollieren – im Zweifelsfall wechseln!

Trick im Winter: Etwas Scheibenenteiser auf ein Waffeltuch sprühen und die Innenseite der Scheibe damit abreiben: Diese Methode schützt vor Beschlagen durch Atemluft und damit vor Eisbildung.

Die richtige Technik ist alles: Für das effektivste Ergebnis und gleichzeitig für die Scheibe am unbedenklichsten, wird der Eiskratzer in einem Winkeln von ca. 45 Grad über die Scheibe geschoben.

dass wir uns Kratzer auf die Scheiben holen. Der richtige Umgang mit der Messingklingen-Ausführung ist sehr einfach: Um die Scheibe vom Eis zu befreien, nehmen wir den Eiskratzer und schieben ihn sanft in einer Bewegung von der Seite zur Mitte der Windschutzscheibe. Hierbei halten wir den Eiskratzer ungefähr in einem 45-Grad-Winkel zur Scheibe.

Im Winter ist die regelmäßige Fahrzeugpflege erst recht wichtig: Salzspuren und Splitreste müssen vom Lack entfernt werden, bevor diese Verunreinigungen den Lack schädigen. Wichtig für alle Fahrzeuge mit Wachs als Lackschutz: Im Herbst die Wachsschicht auf dem Lack erneuern bzw. eine „leichte" Versiegelung mit kurzer Standzeit auftragen.

Ein Eiskratzer mit einer Metallklinge (Messing) ist gerade dann das bevorzugte Hilfsmittel, wenn der „Eispanzer" auf der Scheibe bereits so dick ist, dass auch der Enteiser wirkungslos bleibt.

Hinweis:

Messingklingen können zwar ggf. ebenfalls Kratzer in Autoscheiben verursachen, das liegt aber nicht an der Klinge selbst, sondern am Schmutz, der bereits auf der Scheibe vorhanden ist. Sollten wir den Wagen also abends mit stark verdreckten Scheiben abgestellt haben, sollten wir keinen Eiskratzer verwenden, sondern zum Enteiserspray greifen.

AUTOPFLEGE-EQUIPMENT

13

Cls
SONAX
metoo
Koch Chemie
ExcellenceForExperts
Gsf
Gentle
Snow Foam
GLORIA
Das Original
Pressure Sprayer
FoamMaster
FM 10

Autopflege-Equipment

„Nur mit gutem Werkzeug kann man gut arbeiten" – dieser alte Handwerkerspruch gilt auch für alle Arbeiten rund um die Fahrzeugpflege. Darum sollte man sich immer die bestmöglichen Waschutensilien anschaffen, die das Budget ermöglicht.

Die Basics – Alles für die Vor- und Handwäsche

Schaumsprüher

Hier gibt es auf dem Markt 2 Produkte, die sich sehr großer Beliebtheit erfreuen: Die Gloria FM 10 genießt schon so etwas wie einen Kultstatus, für größere Fahrzeuge ist die Kwazar Venus Super Foamer mit 2 Liter Fassungsvermögen eine gute Wahl.

Beide Schaumsprüher können auf den Antrieb mit einer elektrischen Pumpe umgebaut werden.

Snow Foam

Beim Kauf darauf achten, dass das Produkt als pH-neutral ausgewiesen ist.

Messbecher

Klein, preiswert und unverzichtbar: Ein kleiner Messbecher ist wichtig für die richtige Dosierung von Sprühschaum und Shampoo.

Wascheimer

Für die von uns favorisierte 2-Eimer-Wäsche sind – logischerweise – zwei Eimer erforderlich. Dabei sind die Anforderungen an die Wasserbehälter recht einfach: stabil, mit belastbarem Henkel und möglichst großem Fassungsvermögen. Viel Wassereinsatz ist Grundvoraussetzung für eine möglichst schonende Autowäsche.

Im Idealfall lassen sich die Eimer mit einem wasserdichten Schraubdeckel verschließen – wichtig für alle, die besonders in der kalten Jahreszeit warmes Wasser mit an den Waschplatz nehmen möchten. Für eine wirkungsvolle Abdichtung sollte der Deckel eine stabile Gummidichtung aufweisen.

Als stabile Ausführung mit Schraubdeckel lassen sich die Eimer übrigens auch prima als Sitzgelegenheit beim Polieren nutzen.

Grit Guard Einsätze

Damit wir den Waschhandschuh zwischendrin immer wieder von grobem Dreck befreien können, hilft ein auf dem Boden des (Schmutzwasser-)Eimers eingelegtes Kunststoffgitter der Firma Grit Guard. Auf diesen Einsätzen kann man den Waschhandschuh immer wieder abstreifen. Außerdem sollen sie auch dazu dienen, dass sich der gelöste Schmutz möglichst auf dem Eimerboden sammelt und beim Auswaschen des Handschuhs nicht wieder aufgenommen wird.

Genial ist die Kombination dieser Einsätze mit dem Grit Guard Washboard: Mit dem im Winkel von 45 Grad befestigten Gitter wird das Abstreifen des Handschuhs noch bequemer.

Cyclone Dirt Trap

Der vom Hersteller Chemical Guys angebotene Cyclone Dirt Trap sorgt mit seinen fast 300 Cyclone-Trichtern dafür, dass Schmutzpartikel aus dem Waschwasser gefiltert werden und der Schmutz so nicht wieder nach oben geschwemmt werden kann

Waschhandschuhe

Heutzutage wird kein Schwamm mehr für die Autowäsche genutzt, sondern so genannte Waschhandschuhe. Der Nachteil eines Schwamms besteht darin, dass er durch seine Struktur keine Möglichkeit hat, Schmutzpartikel aufzunehmen und einzukapseln – die Folge: Der Schwamm streicht den Dreck über den Lack, so dass Kratzer entstehen können.

Im Gegensatz dazu haben Waschhandschuhe die Fähigkeit, mit ihren langen und weichen Fasern den Schmutz aufzunehmen und einzuschließen. So minimieren wir die Gefahr von Waschkratzern ungemein.

Natürlich gibt es auch bei den Waschhandschuhen deutliche Unterschiede: So findet man die verschiedensten Arten von Fasern, die sowohl vom Material (z. B. Schafswolle, Kunstfasern, Bauwollfasern) als auch in ihrer Länge unterschiedlich gefertigt sind.

Wir empfehlen bei der Wahl des richtigen Waschhandschuhs folgende Kriterien zu beachten:

- Große Wasseraufnahmefähigkeit, damit wir ein perfektes Gleitverhalten auf dem Lack haben.
- Generell eine weiche und lange Faser, damit das Gleitverhalten perfekt ist.

In der Praxis muss jeder selbst ein wenig testen, welcher Handschuh am besten zu ihm passt und welcher die besten Ergebnisse liefert. Es sollten übrigens immer 2 (gut zu unterscheidende) Handschuhe genutzt werden: einer für den oberen Bereich des Fahrzeuges und einer für den unteren Bereich, wo naturgemäß stärkere Verschmutzungen zu finden sind.

Autoshampoo

Der Markt bietet eine reichhaltige Fülle von Autoshampoos. Natürlich sind auch Faktoren wie Geruch und Schaumbild wichtig, aber das entscheidende Kriterium ist der Einsatzzweck: Ein Autoshampoo kann ein saurer, pH-neutraler, aber auch ein alkalischer Reiniger sein. Alle 3 Varianten haben ihren Sinn und Zweck für die erfolgreiche Autowäsche. So benutzen wir ein

- saures Shampoo für die Beseitigung von anorganischer Verschmutzung auf dem Lack, wie zum Beispiel Kalk, Salz, Flugrost, Bremsstaub oder anderem Umweltschmutz.
- pH-neutrales Shampoo, damit eine vorhandene Wachsschicht oder Versiegelung nicht angegriffen bzw. abgetragen wird.
- alkalisches Shampoo, um auch organischen Schmutz effektiv zu lösen. Organische Verschmutzungen auf dem Lack sind bspw. Vogelkot, Baumharz, Öl, Teer oder Ruß. Außerdem können wir damit auch Wachs- und Versiegelungsreste entfernen.

Tipp:

Wer in Chemie gut aufgepasst hat, kennt noch den Merksatz „Gleiches löst sich in Gleichem". Nach demselben Prinzip funktionieren die Produkte in der Autopflege.

In der folgenden Tabelle sind einige Shampoos mit ihren offiziellen und den von uns gemessenen pH-Werten aufgelistet (Testbedingungen: konstante Zimmertemperatur, pH-Meter: PCE-228 von PCE Instruments). Anhand dieser Informationen kann das richtige Shampoo für den jeweiligen Einsatzzweck gewählt werden.

Achtung:
Generell kann der pH-Wert als Orientierung genutzt werden, jedoch ist der nicht alleine dafür zuständig, ob Wachs und Versiegelung abgetragen werden. Es hängt u. a. auch von den Tensiden selbst und deren Dosierung im Shampoo ab, dies ist aber leider durch die Informationen auf der Rückseite eines Etiketts in den meisten Fällen nicht nachvollziehbar. Je nach Hersteller kann hier ein Blick in das Sicherheitsdatenblatt des Produktes helfen oder eigene Erfahrungswerte.

Hinweis:
Ein Autolack kann einen pH-Wert von ca. 14 vertragen, Waschstraßen gehen bis zu 13,5, damit sie die Autos mit weniger Tensiden sauberbekommen.

Hinweis:
Der pH-Wert 7 markiert auf der Skala den Punkt „pH-neutral". Der Bereich unter 7 gilt als „sauer", Flüssigkeiten mit einem Wert über 7 sind alkalisch (basisch). Die Bereiche sind allerdings fließend: So sind Flüssigkeiten mit steigendem/fallendem pH-Wert zunehmend sauer/basisch. Nach unserer Erfahrung können Produkte, deren pH-Wert zwischen 6,5 und 7,5 liegen, durchaus als pH-neutral eingestuft werden.

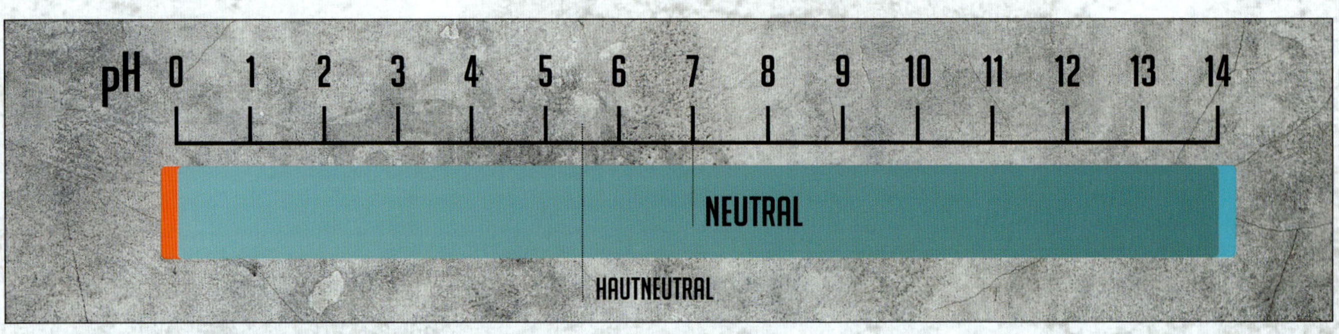

SNOW FOAM

Produkt	Dosierung	Offizieller pH-Wert	Gemessener pH-Wert
CarPro Hydro2 Q^2 Foam	1:9 verdünnt	pH-neutral	6,91
Koch Chemie Gentle Snow Foam	20 ml auf 1 Liter Wasser im Schaumsprüher	7,5	7,31
Shiny Garage Fruit Snow Foam	100 ml auf 1 Liter Wasser bei der Handwäsche und 20 bis 40 ml bei 1 bis 1,5 Liter im Schaumsprüher	7	7,89
Shiny Garage Pink Snow Foam	125 ml auf 1 Liter Wasser bei der Handwäsche und 20 bis 40 ml bei 1 bis 1,5 Liter im Schaumsprüher	7	12,5
SONAX Profiline Actifoam Energy	50 bis 80 ml auf 10 Liter Wasser	6,5 bis 7,5	6,83
ValetPRO pH neutral Snow Foam	je nach Verschmutzung 1:15 bis 1:20 verdünnt, 1:5 bei festgeklebten Insektenresten	6,5	6,8
ValetPRO Snow Foam Combo 2	je nach Verschmutzung 1:10 bis 1:15 verdünnt	12 bis 13	12,34

SHAMPOO

Produkt	Dosierung	Offizieller pH-Wert	Gemessener pH-Wert
Alclear Premium Autoshampoo	ca. 5 Kappen des Shampoos auf 10 Liter Wasser	nicht angegeben	5,60
Auto Finesse Lather Shampoo	10 ml (2 gefüllte Deckel) auf 10 Liter Wasser	pH-balanced	5,63
Autobrite Purple Velvet	1 gefüllter Deckel (5 ml) auf 15 Liter Wasser / 10 ml auf 10 Liter Wasser	pH-balanced	5,63
Original BMW Autoshampoo	keine Angabe	schont beim Waschen die Wachsschicht	6,71
CarPro Reset Intensive Car Shampoo	1:500 = 20 ml Shampoo auf 10 Liter Wasser	ist bei einem Mischungsverhältnis 1:500 pH-neutral eingestellt	7,37
Chemical Guys Blacklight	15,62 bis 88,71 ml auf 10 Liter Wasser	pH-balanced	6,43
Chemical Guys Bug & Tar Remover	15,62 bis 31,24 ml auf 10 Liter Wasser	nicht angegeben	10,70
Chemical Guys Citrus Wash and Gloss	15,62 ml auf 10 Liter Wasser	8	13,17
Chemical Guys Clean Slate	15,62 ml auf 10 Liter Wasser	pH-balanced	7,37
Chemical Guys Honeydew	15,62 ml auf 10 Liter Wasser	pH-balanced	6,90
Chemical Guys Meticulous Matte	15,62 ml auf 10 Liter Wasser	pH-balanced	6,89
Chemical Guys Maxi Suds II	15,62 ml auf 10 Liter Wasser	pH-balanced	6,51
Chemical Guys Mr. Pink	15,62 ml auf 10 Liter Wasser	pH-balanced	6,96
Chemical Guys Stripper Suds	15,62 bis 88,71 ml auf 10 Liter Wasser	pH-balanced	7,42
Chemical Guys Hybrid V7	15,62 ml auf 10 Liter Wasser	8	7,52
Cleanextreme Protect Autoshampoo	100 ml Shampoo auf 10 Liter Wasser	pH-neutral	5,95
Dodo Juice Wax-Safe Wash	• 1:400 = 50 ml Shampoo auf 10 Liter Wasser • oder 1:200 bei stark verschmutzten Fahrzeugen = 100 ml Shampoo auf 10 Liter Wasser	7 bis 8	7,2
Dr. Wack A1 Speed Shampoo	1:400 = 50 ml Shampoo auf 10 Liter Wasser	pH-neutral	6,76
Gyeon Q2M Bathe+	15 bis 20 ml auf 10 Liter Wasser	7,5 bis 8,5	6,74
Koch Chemie Nano Magic Shampoo	50 ml (5 Verschlusskappen) Shampoo auf 10 Liter Wasser	5,5	5,40
Liqui Moly Auto-Wasch-Shampoo	50 ml auf 10 Liter Wasser	4,8	4,61
Liquid Elements Pearl Rain Protect	10 ml auf 10 Liter Wasser	5 bis 8	7,76
Meguiars Gold Class Shampoo	75 ml auf 10 Liter Wasser	8 bis 9,5	8,17
Meguiars NXT Car Wash	30 ml auf 10 Liter Wasser	8 bis 9,5	7,80
Meguiars Soft Wash Gel	100 ml auf 10 Liter Wasser	8,8 bis 9,5	8,10

Meguiars Ultimate Wash & Wax	75 ml auf 10 Liter Wasser	8,8 bis 9,5	7,88
Nigrin Wasch-Versiegelung EvoTec	10-Liter-Eimer ca. zu $^2/_3$ mit Wasser füllen. Waschversiegelung langsam in einem dünnen Strahl einfüllen bis ein satter Blauton entsteht.	3,5	3,33
Nanolex Washcoat	ca. 20-50 ml pro Auftrag, je nach Größe des Fahrzeugs	5	4,02
Shiny Garage Sleek and Bubbly Premium Bath	20 bis 30 ml auf 10 Liter Wasser	pH-neutral	7,53
Shiny Garage Pink Gloss Shampoo & Wax	30 bis 40 ml auf 10 Liter Wasser	pH-neutral	8,09
Soft99 Creamy Shampoo	nicht angegeben	pH-neutral	6,81
Soft99 Super Gloss Shampoo King of Gloss	nicht angegeben	pH-neutral	7,16
SONAX Xtreme Shampoo 2 in 1	2 Deckel à 30 ml auf 10 Liter Wasser	2,5 bis 3,5	3,52
Surf City Garage Pacific Blue Wash & Wax	78,2 ml auf 10 Liter Wasser	8,6	6,68
Swizöl Car Bath	sehr ergiebig, ausreichend für ca. 1000 Liter Waschwasser bzw. bei Verwendung eines 20-Liter-Eimers für ca. 50 Autowäschen	5,0	4,79

Mikrofasertücher – die richtige Auswahl und Pflege

Ob nach der Handwäsche, während einer Politur oder bei der Abnahme von Wachs und Versiegelung: Mikrofasertücher (MFT) sind ein wichtiges Hilfsmittel bei der Autopflege. Aber Vorsicht: Mikrofaser ist nicht gleich Mikrofaser – es gibt große Unterschiede bei der Beschaffenheit, der Qualität und beim Preis.

Eines kann man an dieser Stelle schon vorwegnehmen – handelsübliche Tücher aus dem Supermarkt sind nur für den Haushalt bestimmt, sie weisen härtere Fasern und meist auch eine harte Naht auf. Mikrofasertücher für den Automobilbereich werden speziell dafür hergestellt und verarbeitet, um die empfindlichen Lackoberflächen nicht zu beschädigen.

Die richtige Wahl treffen

Neben der Größe ist einer der auffälligsten Unterscheide bei Mikrofasertüchern natürlich die Beschaffenheit, also ob ein Tuch eher weicher oder härter ist. Das ist abhängig von den verwendeten Fasern:

Kurzflorige Mikrofasertücher eignen sich perfekt für das Abnehmen von Polituren sowie für Arbeiten im Innen- und Motorraum. Aufgrund der kurzen

Fasern neigen diese Tücher nicht zum Fusseln und sind sehr handlich. Grundsätzlich kann man auch mit einem sehr dicken Tuch im Innenraum arbeiten, allerdings bleibt es auf der relativ rauen Oberfläche des Armaturenbretts häufig stehen und erreicht keine engen Stellen wie beispielsweise zwischen Schaltern oder Knöpfen.

Mittelflorige Tücher sind weicher und leisten gute Dienste beim Abnehmen von Wachsen oder Versiegelungen.

Langflorige Mikrofasertücher sind die Schwergewichte unter den Tüchern und besonders schonend zum Lack. Hiermit gelingt die Abnahme von Wachs ebenso gut wie die Verarbeitung von Detailern oder die Durchführung einer Trockenwäsche. Die Fasern wurden speziell gefertigt und sind extrem flauschig. Dadurch wird die Gefahr von Kratzern minimiert.

Früher wurde für das Abtrocknen von Fahrzeugen ein so genanntes Trockenleder verwendet. Heutzutage übernehmen spezielle langflorige Mikrofaser-Trockentücher diese Aufgabe. Sie können ein Vielfaches ihres Eigengewichtes an Wasser aufnehmen und sind dank der vielen Fasern deutlich schonender zur Lackoberfläche.

Für die Reinigung von Glasoberflächen empfehlen wir Mikrofasertücher mit einer speziellen Waffelstruktur. Diese Waffeltücher sind absolut fusselfrei und sorgen für ein streifenfreies Ergebnis.

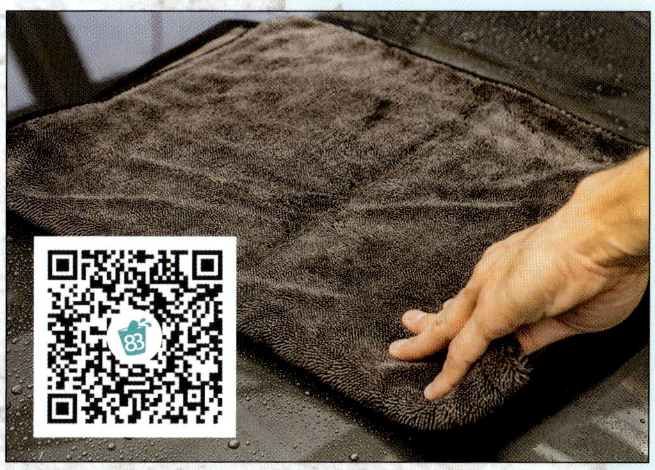

Tipp:
Wer die GSM-Zahl eines Tuches ermitteln oder überprüfen will, findet im Internet einen entsprechenden Umrechner unter https://www.83metoo.de/gsm-rechner.

Ein weiteres Unterscheidungsmerkmal ist die **GSM-Zahl.** Diese Kenngröße gibt das Flächengewicht eines Tuches an und steht als Abkürzung für „gramm per squaremeter", auf Deutsch also „Gramm pro Quadratmeter". Generell kann man durch den GSM-Wert eine Tendenz feststellen, wofür ein Tuch geeignet ist. Dies ist in der unten stehenden Tabelle aufgeführt.

Übrigens: Ob ein Tuch randlos ist oder einen Rand aufweist, sagt nichts über die Qualität aus. Die eingesetzten Materialien beim Rand eines Tuches sind mittlerweile so gut, dass nur der eigene Geschmack darüber entscheidet, ob man lieber Tücher mit Rand oder randlose Ausführungen verwendet.

GSM-Zahl	Anwendung	Fasertyp
250-450	Innenraumreinigung	kurze Faser
250-600	Türeinstiege sauber machen	kurze Faser
250-350	Motorraumpflege	kurze Faser
250-400	Polier-Tuch, Abtragen von Politurresten	offenere Faser, um Material aufzunehmen
400	Glasreinigungstuch	Waffeltuch
800-1800	Trocken-Tuch	lange Faser, großes Faservolumen, sanft zum Lack
600-1800	Abtragen von Wachsen (Finish-Tuch)	lange Faser mit nur kleinen Zwischenräumen, um Material verteilen zu können
600-1800	Abtragen von Versiegelung und Wachsen (Finish-Tuch)	lange Faser mit nur kleinen Zwischenräumen, um Material verteilen zu können

Mikrofasertücher richtig waschen

Die richtige Wäsche sorgt dafür, dass wir lange etwas von unseren Mikrofasertüchern haben und beim Einsatz keine Kratzer auf dem Lack entstehen. Dank regelmäßigem Waschen und Trocknen bleiben die Tücher länger weich und wiederverwendbar. Grundsätzlich sollte jedes Mikrofasertuch vor der ersten Anwendung gewaschen werden. So können eventuelle Produktionsrückstände (Achtung: Abfärbe-Gefahr) beseitigt werden und die Fasern entfalten zudem ihre volle Leistungsfähigkeit.

Bei starken Verschmutzungen können diese Mikrofasertücher bei bis zu 60 °C gewaschen werden, bei normalen Verschmutzungen reichen in der Regel 40 °C aus. Ganz **wichtig** ist der Verzicht auf den Zusatz von Weichspüler! Spezielle Mikrofaser-Waschmittel verhindern das Verkleben der Fasern und sorgen dafür, dass die Tücher selbst nach 30 Wäschen noch schön weich sind.

Nach der Wäsche empfiehlt es sich, die Mikrofasertücher mehrmals auszuschlagen, damit die Fasern sich aufrichten und an der Luft besser trocknen können. Der Einsatz eines Trockners kann die Weichheit der Fasern nochmals steigern, allerdings sind nicht alle Mikrofasertücher für eine solche Behandlung geeignet (Waschetikett beachten!). Hier genügt ein Schonprogramm bei niedriger Temperatur.

Grundsätzlich sind Mikrofasertücher als Verbrauchsgegenstände zu sehen. Durch den regelmäßigen Einsatz setzen sich die Fasern, die bis zu 60-mal feiner als ein menschliches Haar sind, mit der Zeit auch mit den Inhaltsstoffen der jeweiligen Autopflegemittel zu. Daher kann es sein, dass die Tücher mit der Zeit stumpf werden und nicht mehr so flauschig sind, wie sie es am ersten Tag waren. Zum Glück sind Mikrofasertücher mit Preisen zwischen 3 und 8 Euro relativ günstig, weshalb sie nach etlichen Monaten oder Jahren durchaus auch einmal ausgetauscht werden können.

Tücher-Management

Wenn man Autopflege über einen längeren Zeitraum betreibt, wächst zwangsläufig die Zahl der Mikrofasertücher, teils für einen speziellen Aufgabenbereich angeschafft, teils einfach zum Ausprobieren gekauft. Darum kann es ganz hilfreich sein, wenn wir unsere MFT in verschiedene Kategorien einteilen. So kann man beispielsweise vermeiden, dass das teure hochwertige Finish-Tuch aus Versehen bei der Motorraumpflege eingesetzt wird.

Eine Unterteilungsmöglichkeit ist der Anwendungsbereich: In stapelbaren Kunststoff-Klarsichtboxen aus dem Baumarkt kann man die Tücher ihrem Einsatzzweck entsprechend lagern und sie sind bei Bedarf schnell zur Hand.

Sehr wichtig: Eine separate Box für gebrauchte Tücher, die noch gewaschen werden müssen.

Pinsel & Bürsten

Pinsel und Bürsten sind für die Autopflege ebenfalls wichtige Werkzeuge, die wir benötigen, um beispielsweise einen APC aufzuschäumen (Motorwäsche, Felgenreinigung) oder in enge, verwinkelte Bereiche des Fahrzeuges zu kommen (Innenraum), um hier Staub, Verschmutzungen usw. zu entfernen.

Generell ist es sehr wichtig, dass wir nur Pinsel und Bürsten mit sehr weichen Borsten verwenden. Bei harten Borsten besteht immer die Gefahr, dass zu reinigende Material zu verkratzen. Außerdem sollte der Stil des Pinsels aus Kunststoff bestehen und keine Metallhalterung für die Borsten haben. Eine eventuell vorhandene Metallhalterung können wir sorgfältig mit Isolierband abkleben – das macht Sinn, wenn die Gefahr besteht, dass der Pinsel während des Gebrauchs in Kontakt mit empfindlichen Materialien kommen könnte, wie beispielsweise bei der Reinigung des Innenraums.

Für die schonende Reinigung der Lüftungsdüsen werden sogar Schaumstoff-Reinigungspinsel angeboten, die anstelle von Borsten weichen Schaumstoff haben.

Hinweis:

Wenn wir einen Pinsel mit einem starken Reiniger (z. B. Felgenreiniger) im Außenbereich eingesetzt haben, sollte dieser Pinsel auch nach gründlichem Auswaschen nicht mehr für die Reinigung im Innenraum verwendet werden. Das Risiko, dass kleinste Reste des aggressiven Reinigers an empfindliche Kunststoffteile gelangen könnten, ist einfach zu groß.

Zum Thema Bürsten gehört auch die Felgenbürste. Wichtig ist hier, dass die Bürste komplett aus Kunststoff gefertigt sein sollte, damit die Felgen nicht verkratzt werden, wenn man mit dem Stiel der Bürste anschlägt. Die Borsten sollten weich und flexibel sein, damit der Lack der Felge nicht beschädigt wird und man zudem gut hinter die Speichen sowie ans Felgenbett gelangt. Ein entscheidender Faktor ist die Größe der Bürste: Sie ist abhängig vom Felgendesign.

Reinigungsprodukte

Zu einer guten Einsteigerausrüstung gehören neben einem Shampoo auch:

- ein guter Glasreiniger
- APC
- Kunststoffreiniger und -pfleger
- Insektenentferner
- Felgenreiniger

Ausstattungsergänzung für Fortgeschrittene

Reinigungsknete

Für eine perfekte Lackreinigung ist Reinigungsknete ein wahres Wundermittel. So gut wie alle hartnäckigen Verschmutzungen lassen sich hiermit rückstandsfrei und schonend beseitigen (siehe hierzu auch Kapitel 3). Es gibt grob 3 Kategorien: Die gibt die milde Ausführung für leichte Verschmutzungen, die mittlere Knete ist sehr gut universell einsetzbar und für den Fall, wo starke Rückstände zu entfernen sind hilft die sehr abrasive, meist rote Knete.

Auf jeden Fall muss beim Abkneten des Lacks reichlich – lieber zu viel als zu wenig – Gleitmittel verwendet werden!

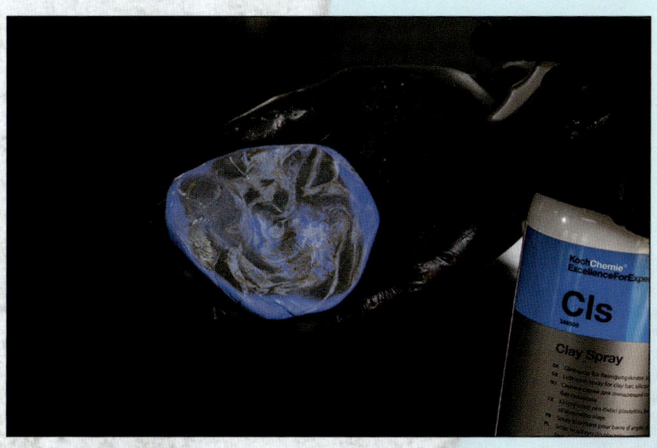

Poliermaschinen

Mit einer Poliermaschine gelingt es nicht nur schneller als mit einer Handpolitur, ein möglichst perfektes Lackbild zu erzielen, das Ergebnis wird auch gleichmäßiger. Zu den verschiedenen Poliermaschinen haben wir die wichtigsten Informationen in Kapitel 4 zusammengestellt.

Polierschwämme / Pads

Je nach Lackzustand benötigt man eine breitgefächerte Auswahl an verschiedenen Polierschwämmen, die sich in der Abtragsleistung (Abrasivität) und Stauchhärte unterscheiden, um alle Arten von Kratzern zu entfernen. Welche Polierschwämme sich für welchen Einsatzzweck eignen, zeigen wir in Kapitel 4.

Tornador Gun

Für hartnäckige Verschmutzungen im Innenraum, beispielsweise auf Sitzen und Fußmatten, aber auch an schwer zugänglichen Stellen wie Türscharnierbereiche, Einstiegsbereiche oder Kofferraumkanten ist dieses druckluftbetriebene Werkzeug absolut genial. Ein rotierendes Mittelstück erzeugt in einem Kunststofftrichter einen Tornadoeffekt. Im ersten Schritt wird über ein Sperrventil Reiniger auf die zu reinigende Stelle geblasen und der Schmutz sogartig entfernt. Im zweiten Schritt wird das Ventil geschlossen und ein tornadoähnlich verwirbelter Luftstrom sorgt für Trocknung.

Sonstiges Zubehör

Applikatoren & Schwämme

So genannte Applikator Pads benötigen wir zum Auftragen von Wachs auf den Lack. Generell können wir zwischen Einweg- und waschbaren Mehrweg-Pads unterscheiden. Die Einweg-Pads sind meist gelb und aus einem Schaumstoff gefertigt. Die Mehrweg-Pads sind natürlich deutlich teurer, aber der Schaumstoffkern ist mit Stoff bezogen, so dass wir diese nach dem Auswaschen nochmal verwenden können.

Leerflaschen & Sprayer

Zahlreiche Produkte in der Autopflege können oder müssen sogar verdünnt angewendet werden. So beispielsweise ein APC, der in verschiedenen Mischungsverhältnissen, je nach Anwendungsbereich, verarbeitet wird. Das heißt, wenn wir einen APC für die Reinigung von stark verschmutzten Fußmatten einsetzen, ist dieser höher konzentriert als bei der Reinigung von einem leicht verstaubten Armaturenbrett.

Daneben gibt es auch viele Produkte, z. B. Felgenreiniger, in Gebindegrößen von 2, 5 oder 10 Litern zu kaufen. Diese Verpackungseinheiten sind natürlich eher unhandlich und auch nicht mit einem Sprühkopf ausgestattet, so dass wir hierfür eine extra Sprühflasche benötigen.

Generell muss unterschieden werden, ob wir ein „aggressives" Produkt wie einen säurehaltigen Felgenreiniger anwenden möchten oder ob es darum geht, einen vergleichsweise harmlosen neutralen Innenraumreiniger zu verarbeiten. Für den ersteren Fall benötigen wir einen chemieresistenten Sprühkopf, für das zweite Beispiel ist das nicht erforderlich. Außerdem muss bei dem Sprühkopf darauf geachtet werden, dass dieser im Idealfall stufenlos zwischen Punktstrahl und Zerstäuben wechseln kann.

Zusätzlich gibt es bei den Sprühflaschen auch Unterschiede, welche Dichtungen verbaut sind: So sind Viton-Dichtungen chemikalienresistenter als herkömmliche Dichtungen.

Dann gibt es auch Sprühflaschen, die in allen Lagen genutzt werden können: Ein Gewicht am Schlauchende im Korpus sorgt dafür, dass auch beim „Kopf-Über-Sprühen" die Flüssigkeitszufuhr zur Düse stets gewährleistet ist.

Sehr komfortorientiert ist der doppelt wirkende Pumpenhebel bei einigen speziellen Sprühflaschen, der dafür sorgt, dass nicht nur beim Ziehen des Sprühhebels, sondern auch beim Loslassen Sprühnebel freigesetzt wird. Dies erhöht das Sprühvolumen deutlich und ist je nach Anwendungsbereich (z. B. Felgenreiniger) sehr zu empfehlen.

Polster-/Lederbürste

Gerade bei der Innenraumreinigung ist eine kleine weiche Reinigungsbürste unverzichtbar, um Verschmutzungen auszubürsten oder Polsterreiniger einzuarbeiten.

Die 83metoo App

Die perfekte Autopflege jetzt auch für unterwegs! Mit tollen Features:

- Komplettes Autopflege-Lexikon – Antworten auf alle offenen Fragen rund um das Thema Autopflege
- Praktische Übersicht – detaillierte Informationen zu über 500 Produkten
- Ausführliche Anwendungsvideos
- Nie mehr falsche Einwirkzeiten dank Stoppuhr und Timer
- Immer den perfekten Mix – integrierter Mischungsverhältnis-Rechner sorgt für Klarheit
- Gut gefunden – aktuelle Waschparkkarte mit den Ausstattungsfeatures der jeweiligen SB-Anlage
- Schnelle Informationen – Barcode des Produktes mit app-interner Kamerafunktion scannen und wichtige Tipps & Anwendungshinweise zum Produkt direkt auf das Handy bekommen
- **So funktioniert´s:**
  Jetzt die kostenlose App herunterladen im Apple AppStore und im Google PlayStore oder über den QR-Code.

WIR RÄUMEN AUF MIT MYTHEN UND FEHLERN

14

Wir räumen auf mit Mythen und Fehlern

Aussage: „Die Waschstraße genügt mir!"

Mit dem Besuch in einer Waschanlage kann das Auto sehr gut gereinigt werden. Ja, diese These schreiben wir hier ganz bewusst, denn wir sind der festen Überzeugung, dass die Reinigung in einer Waschanlage sehr gut sein kann. Zumindest was den Schmutz angeht – jedoch birgt die Waschanlage zahlreiche Gefahren für unser Auto und im Speziellen für unseren Lack.

Das grundlegende Problem bei Waschanlagen, Waschstraßen, Portalwaschanlagen und was die Industrie sich noch alles an automatischen Reinigungseinrichtungen ausgedacht hat, ist, dass diese alle nicht lackschonend arbeiten (können). Durch ihre maschinelle Einwirkung wird so viel Kraft auf den Fahrzeuglack ausgeübt, dass eine wirklich schonende Reinigung gar nicht möglich ist. Die bekanntesten Schäden durch die Waschanlagen sind die kreisrunden Waschkratzer, auch Swirls genannt. Diese kommen durch zu harte und abgenutzte Borsten. Leider sind auch Waschanlagen die mit „besonders sanften Lappen" und Anlagen, die mit ähnlichen Aussagen werben, nicht viel besser für unseren Autolack. Das hängt u. a. damit zusammen, dass die Lappen den Schmutz des zuvor in der Waschanlage gewaschenen Autos noch in sich tragen und nicht nach jedem Kunden eine Reinigung erfolgt.

Außerdem wissen wir in der Regel nicht, welche Reinigungsmittel in der jeweiligen Waschanlage verwendet werden. Natürlich ist der Kunde der Anlage happy, wenn er nach ein paar Minuten am Ende wieder rausfährt, der Lack seines Wagens perfekt sauber ist (inkl. der Kratzer im Lack) und auch die Felgen vom Bremsstaub befreit wurden.

Die Frage hierbei ist aber: Wie wurde dieses Endergebnis erreicht? Wurden eventuell starke alkalische Reiniger für ein glänzendes Resultat verwendet? Diese aggressiven Produkte greifen auch ein vorhandenes Wachs oder eine Versiegelung an. Wurde für die Felgenreinigung ein sehr säurehaltiger Reiniger verwendet, der im schlimmsten Fall die Lackierung der Felge angreift, so dass sie nach ein paar Waschanlagen-Besuchen matt ist und nicht mehr schön glänzt?

Dies zusammen genommen sind leider die Faktoren, die den Waschanlagen-Besuch nicht wirklich ratsam erscheinen lassen und er deswegen für uns definitiv keine Option ist.

No-Go: Der Besuch in der Waschstraße mag schnell und bequem sein, allerdings ist diese Methode alles andere als gut für den Lack!

Einige von Euch werden nun aber – nicht ganz zu Unrecht – darauf hinweisen, dass diese Anlagen eine Unterbodenwäsche durchführen, die nach dem Winter das Salz und den Schmutz entfernt. Das ist ein Punkt, den man nicht entkräften kann – und auch nicht muss. Das Problem hierbei ist aber leider, dass diese Unterbodenwäsche in fast allen Waschanlagen nicht einzeln ohne eine Komplettwäsche gekauft werden kann. Aus diesem Grunde führen wir die Wäsche des Unterbodens immer selbst durch (siehe auch Kapitel 2 Unterbodenwäsche).

Darüber hinaus mehren sich in letzter Zeit die Meldungen über Unfälle in den Waschstraßen, weil Fahrer mit der Technik ihrer Fahrzeuge schlicht überfordert waren und es aufgrund von Fehlbedienungen zu kritischen Situationen kam – mit teuren Folgen ...

Aussage: „Zu Hause ist das Autowaschen verboten!"

Vorsicht: Das Autowaschen vor der eigenen Haustüre ist nicht in jedem Fall erlaubt, sondern unterliegt je nach Wohnort speziellen Vorschriften!

Eine allgemeine Aussage, ob das Autowaschen zu Hause erlaubt oder verboten ist, kann nicht getroffen werden. Denn diese Regelung trifft nicht der Bund, sondern die jeweilige Stadt, der Kreis oder die Gemeinde.

Somit muss man sich selbst erkundigen, wo und ob man auf dem Hof, der Einfahrt oder der Straße vor seinem Haus waschen darf. In der Regel kann das Rathaus des Wohnortes oder das zuständige Amt für Technischen Umweltschutz Auskunft geben.

An meinem eigenen Wohnort ist es so, dass die Gemeinde nicht zuständig ist und die Anfrage an das „Amt für Technischen Umweltschutz – Bereich Gewässerschutz" weitergeleitet wurde. Von dem Amt kam dann die Bestätigung, dass die Autowäsche auf dem eigenen Grundstück erlaubt ist:

„Die normale Wäsche eines PKW, bei der keine Betriebsstoffe wie Öl oder Benzin (z. B. von einer Unterbodenwäsche) in das Waschwasser gelangen, ist in der Regel wasserrechtlich zulässig, wenn der Wagen auf privater befestigter Fläche gewaschen wird. Voraussetzung ist, dass die Fläche an den Schmutz- bzw. Mischwasserkanal angeschlossen ist."

Eine deutlich einfachere Informationsmöglichkeit stellt die Stadt Mülheim an der Ruhr ihren Einwohnern bereit und zeigt vorbildlich, wie dieses Thema perfekt geregelt werden kann, ganz ohne zeit- und personalintensive Bearbeitung von Anfragen und vor allem ohne Missverständnisse: Auf der Homepage der Stadt wird darüber informiert, in welchen Straßen die Handwäsche verboten ist. In allen nicht aufgeführten Straßen darf das Auto gewaschen werden. (Quelle: https://www.muelheim-ruhr.de/cms/autowaesche1.html)

Aussage: „Motorwäsche ist verboten!"

Die Aussage, „Motorwäsche ist verboten" hört man immer wieder. Dabei muss man zwischen 2 Punkten unterscheiden:

Rechtlicher Aspekt: Hier kann verallgemeinert gesagt werden, dass eine Motorwäsche mit dem Hochdruckreiniger zuhause verboten ist. Auch ist es in vielen SB-Waschboxen nicht gestattet, den Motor zu reinigen, nur einige wenige erlauben es. Ohne technisch aufwändiges Ölabscheidesystem besteht die Gefahr, dass Ölreste in das Grundwasser gelangen!

Technischer Aspekt: Die Frage ist die, ob es ratsam ist, bei einem modernen Fahrzeug den mit komplexer Elektronik und empfindlichen Steckverbindungen vollgepackten Motorraum mit einem HDR zu bearbeiten. Sollten wir uns für diese Methode entscheiden, müssen wir einige Vorkehrungen treffen: offen liegende Stecker sowie offensichtliche elektronische Bauteile mit Klarsichtfolie und Lappen schützen; freiliegende Pole der Batterie mit einem (alten) Mikrofasertuch abdecken. Anschließend den Motorraum mit einem APC und einem Pinsel vorreinigen.

No-Go: Bei der Motorwäsche mit dem Hochdruckreiniger leiden an modernen Fahrzeugen schnell die teuren elektronischen Bauteile – abgesehen davon, dass die Hochdruckwäsche des Motors vielerorts verboten ist.

Aussage: „Ein Schwamm eignet sich perfekt für die Fahrzeugwäsche!“

Ein Schwamm sollte auf keinen Fall für die Fahrzeugwäsche genutzt werden, da dieser, im Gegensatz zu einem Waschhandschuh, keine Möglichkeit hat, Dreckpartikel aufzunehmen und einzuschließen. Stattdessen schiebt der Schwamm die Schmutzpartikel förmlich über den Lack und erzeugt so Kratzer.

Ein Waschhandschuh ist mit einer meist langen Stofffaser ausgestattet und umschließt den Schmutz in diesen Fasern, während er weiter über den Lack gleitet. Dadurch wird die Gefahr von Kratzern deutlich minimiert.

No-Go: Ein Schwamm wird heutzutage nicht mehr verwendet – zu große ist das Kratzerrisiko. Besser: Mikrofaser-Waschhandschuhe.

No-Go: Geschirrspülmittel ist aufgrund der stark entfettenden Wirkung als Autoshampoo absolut ungeeignet.

Aussage: „Glasreiniger auf Lack ist ideal und günstig!"

Glasreiniger enthält Alkohole und Tenside, die speziell für Glasoberflächen geeignet sind. Der Lack eines Fahrzeuges ist für eine Behandlung mit diesen Inhaltsstoffen viel zu empfindlich. Genau wie „Spüli" entfernt ein Glasreiniger jegliche Schutzschicht auf dem Lack und hat eine stark entfettende Wirkung.

Aussage: „Spülmittel als Shampoo sorgt für glänzende Ergebnisse!"

Spüli sollte nicht für die Autowäsche genutzt werden. Durch die enthaltenen starken Tenside werden Wachse oder Versiegelungen, die auf dem Lack sind, angegriffen und ihre Standzeit verkürzt sich drastisch. Aber auch für das Entfernen von Wachsen oder Versiegelungen ist ein Geschirrspülmittel nicht wirklich geeignet, denn generell haben diese Spülmittel eine stark entfettende Wirkung – sehr zum Nachteil der Gummis und Kunststoffteile, die stark angegriffen werden, und das schon relativ schnell: Kunststoffe bleichen aus; Gummis werden spröde und können reißen.

Weiterer Nachteil der entfettenden Wirkung: Fahrzeuglacke können austrocknen und einen erheblichen Verlust des ursprünglichen Glanzes erleiden. Zudem wird der Oxidationsprozess (Rostbildung) beschleunigt.

Aussage: „Mit einem Heißluftfön kann Kunststoff aufgefrischt werden!"

Für das Auffrischen von verwittertem Kunststoff ist die Behandlung mit einem Haar- oder Heißluftfön nicht die richtige Methode: Die Teile glänzen zwar wieder in tiefem Schwarz, aber die Oberflächenstruktur des Kunststoffs wird beschädigt!

Aussage: „Für den Innenraum reicht Wasser vollkommen aus!"

Wasser allein reicht für die Reinigung des Innenraums leider nicht aus, da Wasser Schmutz nicht selbst lösen kann. Daher benötigen wir einen Reiniger, der diese Aufgabe übernehmen kann. Ein Reiniger kann aber wiederum mit Wasser verdünnt werden, wobei das Wasser als Schmutzträger fungiert und den gelösten Schmutz „abtransportiert".

No-Go: Wasser dient generell als Schmutzträger und ist ohne ein geeignetes Reinigungsmittel nicht sehr wirkungsvoll, auch nicht in Innenraum ...

UNSERE LIEBLINGSPRODUKTE

15
D
GE PG 95

Unsere Lieblingsprodukte

Im Laufe der ganzen Jahre, in denen wir uns mit Fahrzeugpflege beschäftigen, haben wir natürlich viele Produkte ausprobiert und auch ganz bewusst über einen längeren Zeitraum angewendet, um Standzeiten und Wirksamkeit besser beurteilen zu können. Im Folgenden haben wir eine Liste jener Produkte erstellt, die sich aus unserer Sicht hervorragend für eine schonende Handwäsche eignen und die wir selbst gerne verwenden. Die Liste ist dementsprechend das Resultat eigener Erfahrungen, sie dient aber auch besonders Einsteigern in die Fahrzeugpflege als Orientierungshilfe, um ohne geldfressende eigene Versuche schnell und zielgerichtet ein gutes und funktionierendes Produkt zu finden. Gerade am Anfang ist es wichtig, möglichst ohne Umweg zu einem sehr guten Ergebnis zu kommen. Irgendwann wird jeder selbst anfangen, andere Produkte auszuprobieren und seine eigene Favoritenliste anlegen – der beste Weg zum persönlichen Autopflege-Stil.

Außenreinigung

Koch Chemie Gsf Gentle Snow Foam

Toller Geruch; pH-neutral; sehr ergiebig; kann aufgrund des schönen Gleitverhaltens auf dem Lack auch als Shampoo genutzt werden

Außenreinigung

ValetPro pH Neutral Snow Foam

Der Klassiker unter den Snow Foams, schlicht und pH-neutral

Außenreinigung

Gloria Top Foam Auto-Shampoo

Relativ neu auf dem Markt, kann als Snow Foam in dem Gloria Schaumsprüher genutzt werden und auch als Shampoo im Wascheimer

Außenreinigung

SONAX Profiline ActiFoam Energy

Sehr gutes Snow Foam mit Geruch nach Energydrinks, pH-neutral und sehr sanft zum Material, kann auch auf glanzfolierten Fahrzeugen genutzt werden

Außenreinigung

Koch Chemie Nano Magic Shampoo

Klassiker unter den Shampoos; angenehmer, frischer Geruch nach Eisbonbon; greift vorhandene Schutzschichten (Wachs, Versiegelung) nicht an und hinterlässt zudem eine schmutz- & wasserabweisende Nanoschicht

Außenreinigung

Dr. Wack A1 Speed Shampoo

Sehr ergiebiges Shampoo-Konzentrat (bis zu 200 Liter Reinigungsflüssigkeit); auch für matte Lacke sowie matte und glänzende Folien sowie für Cabrio-Verdecke anwendbar

Außenreinigung

Chemical Guys Mr. Pink Autoshampoo

Perfekt für die wöchentliche Wagenwäsche ohne Abtragen von Wachsschichten und mit herrlichem Schaum

Außenreinigung

Gyeon Q²M Bathe +

Sehr gründlich reinigendes Shampoo mit Versiegelungsanteil, der nach der Handwäsche eine wasserabweisende Schicht auf dem Lack hinterlässt

Außenreinigung

Gloria FoamMaster FM10

Der beste Schaumsprüher auf dem Markt mit einem sehr guten Schaumbild

Außenreinigung

Gloria FoamMaster FM30

Relativ neu auf dem Markt erhältlich, mit einem sehr großen Fassungsvermögen, für alle denen die FM 10 zu klein ist, eignet sich perfekt für SUV und Kombi

Außenreinigung

Wascheimer und Grit Guard

Unverzichtbare Grundausstattung für die perfekte Handwäsche; dicker Kunststoff und stabiler Boden; mit belastbaren Henkeln und abdichtenden Deckeln

Außenreinigung

83metoo Wonder Washer Waschhandschuh

Sehr weiche Mikrofaser und damit sehr lackschonend; Faser nimmt den Schmutz auf, anstatt ihn nur auf dem Lack zu verteilen; Wasseraufnahme von bis zu 1,25 Litern

Außenreinigung

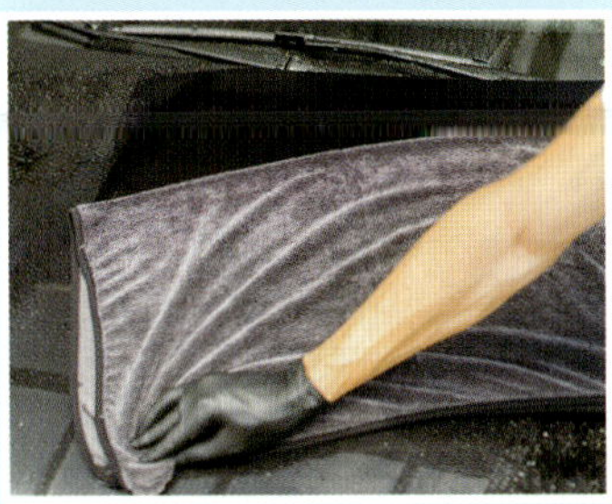

83metoo Wonder Dryer Trockentuch

Speziell veredelt, um die maximale Wasseraufnahme zu gewährleisten ohne Gefahr von Kratzern; perfekt für empfindliche Oberflächen wie Lack, Glas, Kunststoff

Außenreinigung

Dr. Wack CW1:100 Insektenentferner Gel

Sehr gute Wirkung; sehr viskos, daher lange Einwirkzeit

Außenreinigung

Koch Chemie Insect & Dirt Remover Insektenentferner

Guter Insektenentferner der auch Öle und sonstigen Umweltschmutz vom Fahrzeugaußenbereich und Motorraum entfernen kann

Außenreinigung

Koch Chemie GS Green Star

Der Universalreiniger für die perfekte Außen- und Innenreinigung sowie für die Motorwäsche; Achtung: Nicht auf empfindlichen Oberflächen (Navi-Display, Tachoscheibe etc.) verwenden!

Außenreinigung

SONAX Xtreme FelgenReiniger Plus

Sehr gute Reinigungsleistung, kein unangenehmer Geruch und Wirkindikator, erhältlich im vorteilhaften 5-Liter-Gebinde

Außenreinigung

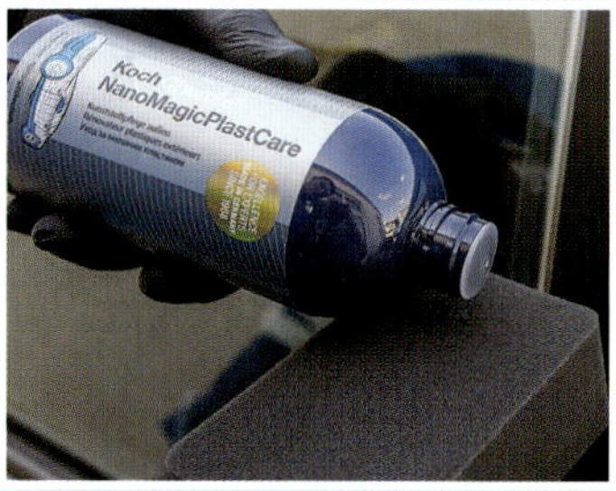

Koch Chemie NanoMagicPlasticCare

Pflegt und konserviert Kunststoffe für Monate (Hinweis: Produkt wird nicht mehr an Endanwender verkauft; Alternative ist NanoMagicPlast Care)

Lackreinigung

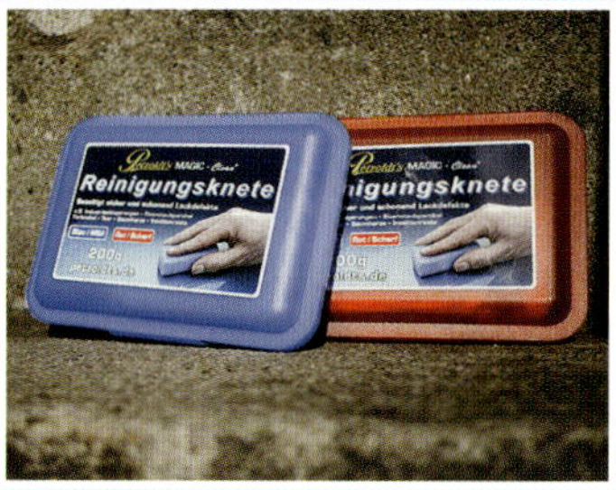

Petzoldt's Lackknete

Gute und günstige Lackknete; erhältlich in der blauen (mild) und roten Variante (scharf)

Lackreinigung

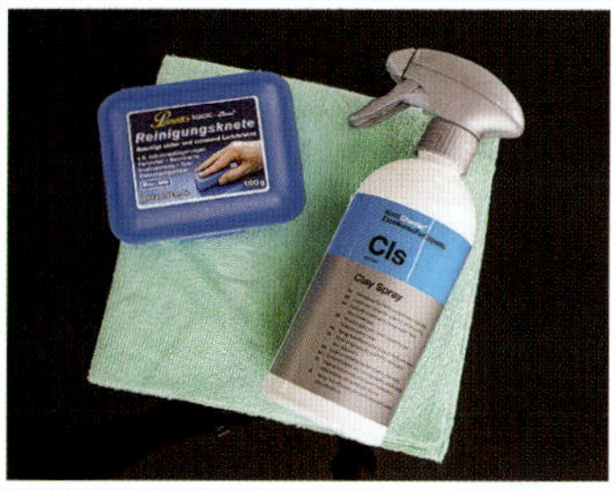

Koch Chemie Cls Clay Spray

Sehr gutes Gleitmittel für die Lackknete, hinterlässt keinen Schmierfilm auf dem Lack, Rückstände einfach mittels Mikrofasertuch abnehmen

Lackreinigung

Gyeon Q²M Clay Reinigungsknete

Milde Lackreinigungsknete die Verunreinigungen sehr gut vom Lack entfernt

Lackreinigung

ValetPro Citrus Bling

Universell einsetzbares Produkt, kann als Gleitmittel für Knete genutzt werden (1:16), Sprühwachs (1:1) oder Detailer (1:3 bis 1:5)

Lackreparatur

Menzerna Polituren

- Super Heavy Cut Compound 300
- Super Heavy Cut Compound 300 **GREEN LINE** (VOC-frei)
- Heavy Cut Compound 400
- Heavy Cut Compound 400 **GREEN LINE** (VOC-frei)
- Medium Cut Polish 2500
- Super Finish 3500

Hinweis: Siehe auch Polituren-Grafik Seite 68

Lackreparatur

Koch Chemie Polituren

- Heavy Cut H8.02
- Schleifpaste H7.01
- Feinschleifpaste F5.01
- Hochglanz- Antihologramm-Politur M2.01

Hinweis: Siehe auch Poilituren-Grafik Seite 69

Lackreparatur

Poliermaschine PLSH H15

Sehr gute Exzenter-Poliermaschine mit einem guten Preis-Leistungsverhältnis; exzellente Laufruhe

Lackreparatur

Flex XFE 15 150 18.0-EC

Akku Exzenter-Poliermaschine mit 18-Volt-Akku-Spannung; ideal zum Polieren, wenn keine Garage oder auch keine Garage mit Steckdose vorhanden ist

Lackreparatur

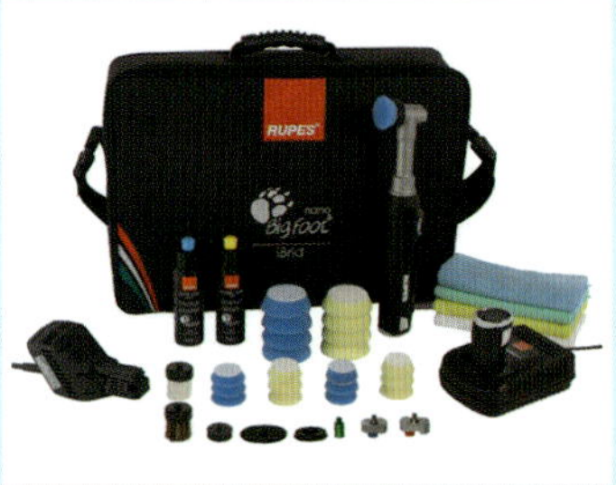

Rupes BIGFOOT iBrid Nano

Perfekt zum Bearbeiten schwer zugänglicher Bereiche und kleinerer Flächen (z. B. B-Säule, Bremssattel etc.)

Lackreparatur

Rupes BigFoot LHR 15 ES Exzenter

Mit 15 mm Hub und 125 mm Stützteller ist dieser 500 Watt starke Exzenterpolierer ein wahres Allroundtalent: Der völlig ausbalancierte Maschinenkörper, der praktische Handgriff, der ruhige Betrieb und die Minimalvibrationen begeistern alle Autopflege-Enthusiasten, die auf der Suche nach einer perfekten Poliermaschine sind.

Lackreparatur

Chemical Guys Hex-Logic Quantum Polierschwämme

Die innovativen Quantum Hex-Logic Pads mit Laser-geschnittener Oberfläche vereinen eine neue Pad-Form mit der bereits bewährten Wabenstruktur, für eine maximale Abdeckung, geringere Hitzeentwicklung sowie für eine längere Lebensdauer und bessere Politurergebnisse.

Lackschutz

Gyeon Q²M Prep

Eignet sich als letzter Schritt vor einem Langzeitschutz, denn es entfernt jegliche Schmutzpartikel von Lack-, Glas- oder Plastikoberflächen

Lackschutz

R222 Concours Carnauba Wax

Natürliches Wachs ohne Duft- oder Farbstoffe, das einen schönen Tiefenglanz durch das brasilianische Carnaubawachs und Bienenwachs erzielt

Lackschutz

R222 Concours-look Carnauba Wax

Pflegt und schützt jeden Lacktyp, ohne Farb- und Duftstoffe. Die Mischung aus reinem brasilianischem Carnaubawachs und Bienenwachs sorgt für einen extremen Tiefenglanz. Standzeit je nach Beanspruchung beträgt zwischen 3 bis 5 Monate.

Lackschutz

Gyeon Q² CanCoat

Sehr leicht anzuwendende 1-Schicht-Versiegelung auf keramischer Basis (SiO2)

Lackschutz

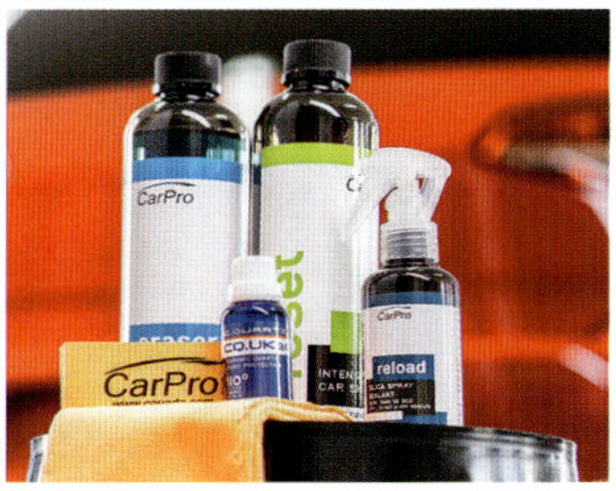

CarPro CQuartz UK Edition

Sehr standfeste Keramikversiegelung, die relativ leicht anzuwenden und auftragsfähig zwischen 3 und 40 °C ist

Lackschutz

Soft99 Fusso Coat 12M

Versiegelung in Pastenform mit einer hohen Standzeit (bis zu 12 Monate) durch das beinhaltete PTFE

Lackschutz

Wizard of Gloss Wipe Out 250GSM 40x40 Poliertuch

Versiegelung in Pastenform mit einer hohen Standzeit Mit speziellen Fasern, um Politurrückstände oder keramische Komponenten abzutragen. Ideal für das Auspolieren von Resten auf Lackoberflächen oder Kunststoff

Lackschutz

Wizard of Gloss Duo Hero 900GSM 40x40 Allround Microfasertuch

Unbeschreiblich weiches Microfasertuch für Finish-Arbeiten am Lack mit unterschiedlich farbigen Seiten für eine optimale Anwendung

Lackschutz

SONAX Xtreme BrilliantShine Detailer

Schnelle Lackpflege – frischt vorhandene Wachsschichten auf und hinterlässt einen zusätzlichen Wasserabperleffekt.

Folierte Fahrzeuge

Soft99 Fusso Coat F7

Eine flüssige Versiegelung auf Fluorpolymer-Basis; geeignet für mattfolierte und „normale" Autolacke; die Standzeit beträgt bis zu 7 Monaten

Folierte Fahrzeuge

Dr. Wack A1 Speed Shampoo

Sanftes Reinigungsshampoo, geeignet für normale Lacke, matte und auch folierte Fahrzeuge

Folierte Fahrzeuge

SONAX Xtreme FolienReiniger

Beseitigt schnell und materialschonend Verschmutzungen wie Öl, Fett, Ruß und Insektenreste von allen komplett oder teilweise folierten Oberflächen. Geeignet für Glanz- und Mattfolie

Felgen + Reifen

Wizard of Gloss Rim Detailing Brush Felgenbürste

In verschiedenen Größen dank der weichen Nylonborsten ideal zur gründlichen und schonenden Reinigung der Felgen

Felgen + Reifen

Wizard of Gloss Nuke Felgenreiniger Flugrostentferner

Erster pH-neutraler Felgenreiniger und Flugrostentferner mit effektiver Wirkung und einem angenehmen Vanille-Geruch

Felgen + Reifen

Dr. Wack P21S Felgen-Reiniger Power Gel

Sehr guter und sanfter Felgenreiniger, pH-neutral und sehr viskos, dadurch kann der Reiniger möglichst lange auf der Felge einwirken und lösen den Bremsstaub

Felgen + Reifen

Koch Chemie Rrr Reactive Rust Remover

Sehr gute Reinigungsleistung, kann zum Entfernen von Flugrost und für die Felgenreinigung genutzt werden; angenehmer Geruch nach Mandel

Felgen + Reifen

SONAX Xtreme ReifenGlanzGel

Verleiht eine ultimative, schwarz glänzende Nass-Optik; pflegt und schützt das Gummi gleichzeitig vor Rissbildung und Farbausbleichung

Felgen + Reifen

Gyeon Q² Tire

Höhere Standzeit als Reifenglanzsprays, nasses Finish (Wet Look); kann auch für Kunststoffe im Außenbereich oder im Motorraum verwendet werden

Felgen + Reifen

Dr. Wack P21S Reifen-Glanz

Schnell und einfach aufzusprühendes Reifenspray; hinterlässt ein mattes Finish

Felgen + Reifen

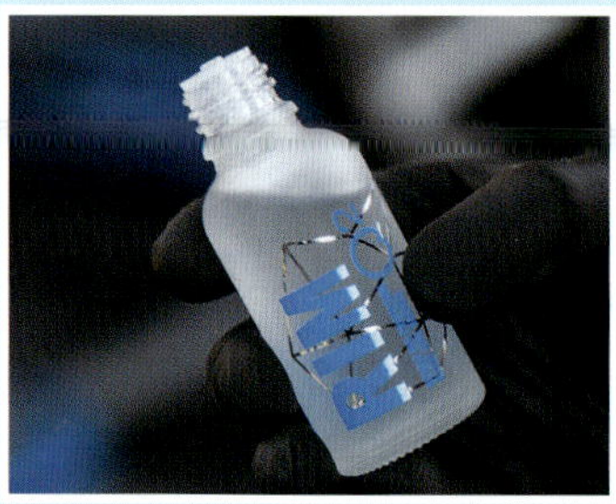

Gyeon Q² RIM

Felgenversiegelung auf Quartz-Basis mit hoher Standzeit von bis zu 12 Monaten / 30.000 km. Resistent gegen jegliche Chemikalien mit einem pH-Wert zwischen 2 und 11

Kunststoff + Gummi

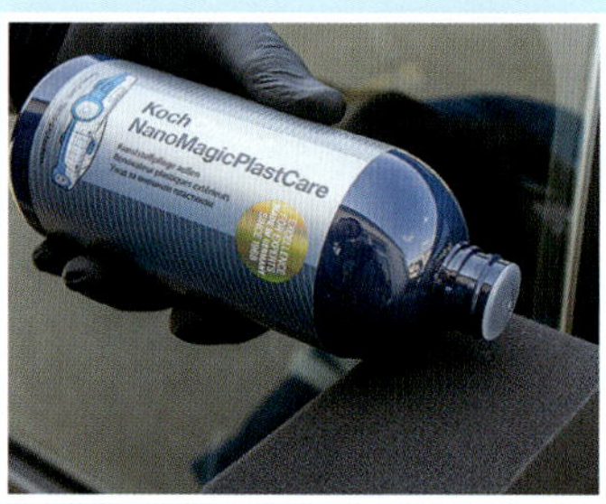

Koch Chemie NanoMagicPlastCare

Nachfolgeprodukt zum Koch Chemie PSS, ideal zum Auffrischen von Kunststoff und Gummiteilen am Außenbereichs des Fahrzeugs

Kunststoff + Gummi

SONAX Gummipfleger

Reinigt und pflegt alle Gummiteile am Auto und hält sie elastisch. Verlängert die Lebensdauer des Gummis und frischt die Farben auf. Verhindert im Winter das Festfrieren von Türdichtungen

Cabrioverdeck

Gyeon Q² Fabric Coat

Sehr gute Versiegelung für Stoffe jeglicher Art (Cabrioverdeck, Fußmatten, Sitze etc.) mit einer Standzeit von bis zu 6 Monaten

Scheiben

Koch Chemie Speed Glass Cleaner

Sehr guter Glasreiniger mit tollem Geruch, ideal für die streifenfreie Scheibenreinigung

Scheiben

SONAX Xtreme ScheibenKlar

Sehr guter Glasreiniger, der zugleich auch Öl- und Rußfilm, Insektenreste etc. entfernt

Scheiben

Wizard of Gloss Neo Glasreiniger

Beseitigt Schmutz, hinterlässt keinerlei Rückstände oder Schlieren und hat einen angenehmen Duft

Scheiben

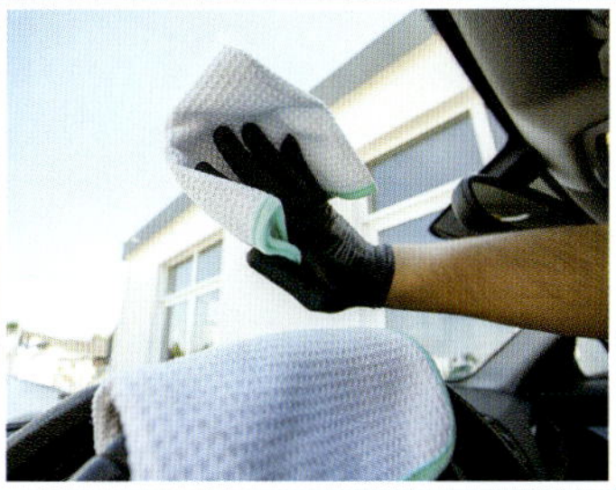

Wizard of Gloss Waffle Hero V2 Glastuch

Ideal für streifenfreie Glasreinigung

Scheiben

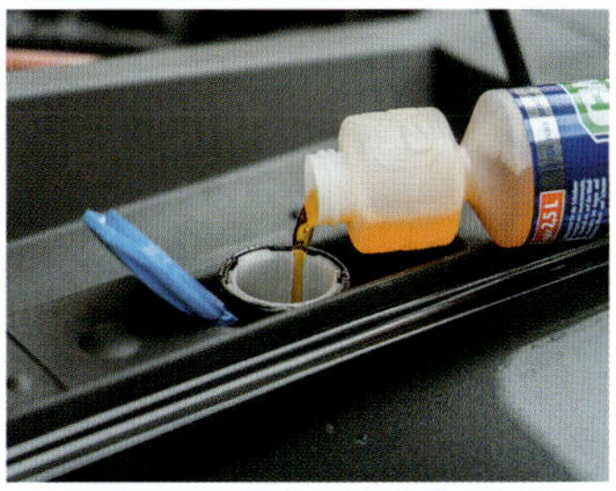

Dr. Wack CW1:100 Super Scheibenreiniger

Ideales Konzentrat für die Scheibenreinigung; kann das ganze Jahr über genutzt werden

Scheiben

Soft99 Ultra Glaco

Einfach anzuwendende Glasversiegelung mit langer Standzeit (bis zu 12 Monate)

Innenraum

Gyeon Q² Leather

Der Leather Cleaner eliminiert sehr effektiv Schmutz, ölige Rückstände und sogar leichte Verfärbungen, enthält keinerlei Weichmacher oder konservierende Inhaltsstoffe. Perfekte Vorbehandlung für den Auftrag einer Langzeitversiegelung wie das Q² Leather Coat.

Innenraum

Colourlock Glattleder Pflegeset

Ideales Reinigungs- und Pflegeset für Leder, bestehend aus einem Lederreiniger und einem schützenden Leder-Protektor

Innenraum

Koch Chemie Po Pol Star

Sehr guter Reiniger für Textilien, Leder und Alcantara

Innenraum

SONAX Xtreme Polster- & AlcantaraReiniger

Reinigt gründlich Stoff und Alcantara

Innenraum

Koch Chemie ASC Allround Surface Cleaner

Sehr sanfter Allrounder für den Innenraum, kann auch für die Reinigung von Tachoscheibe und Navidisplay genutzt werden

Innenraum

Surf City Garage Dash Away

Guter Reiniger für zahlreiche Oberflächen im Innenraum (Stoff, Leder, Kunststoff) mit mattem Finish; Hinweis: Nicht auf Displays oder Klavierlack anwenden, hier können Schlieren entstehen

Innenraum

Koch Chemie Refresh Cockpit Care Innenraum-Pflege

Reinigt, pflegt und konserviert alle Kunststoffteile im Fahrzeuginnenraum und sorgt für ein lang anhaltendes neuwertiges Erscheinungsbild. Das Refresh Cockpit Care basiert auf dem Top Star, hat jedoch einen höheren Anteil an Pflegekomponenten und Antistatikum.

Innenraum

SONAX Textil- & LederBürste

Sehr weiche und ergonomisch geformte Bürste, bspw. für Stoff- Lederreinigung geeignet

Innenraum

Wizard of Gloss Pure Bristles Pinsel

Besonders weiche Borsten und die Kunststoffummantelung sorgen für gründliche Reinigungsergebnisse im Innenraum, an Felgen oder im Motorraum

Winterpflege

Murska Eiskratzer

Mit der Messingklinge kann Eis ideal entfernt werden

Winterpflege

SONAX ScheibenEnteiser

Löst Eis auf den Scheiben binnen weniger Sekunden; ist nicht schädlich für Kunststoffe oder Gummis

Winterpflege

SONAX AntiFrost&KlarSicht

Verhindert das Einfrieren des Scheibenwischwassers und reinigt die Scheibe gründlich; ist nicht schädlich für Kunststoffe oder Gummis

DAS AUTOPFLEGE-LEXIKON – FACHBEGRIFFE VON A BIS Z

APC

Die Abkürzung APC steht für All Purpose Cleaner und wird mit „Allzweckreiniger" übersetzt. Ein APC ist somit eine Art Wundermittel in der Fahrzeugpflege. Mit diesem universellen Reiniger können wir die vielfältigsten Oberflächen und Bereiche problemlos säubern. In eigentlich allen Anwendungsfällen kann der Reiniger mit Wasser verdünnt werden. Für den Koch Chemie Green Star empfehlen wir folgende Mischungsverhältnisse:

- Reinigung von Stoff: 1:10 bis 1:20
- Innenreinigung: 1:10 bis 1:20
- Verschmutzungen im Außenbereich/Schweller: 1:5 bis 1:30
- Reinigung Motorraum: 1:5 bis 1:30
- Werkstatt-/Garagenreinigung: 1:40 bis 1:120

Achtung:
Ein APC ist meistens im alkalischen Bereich angesiedelt und darf somit nicht auf dem Display vom Navigationsgerät, Tachoscheiben etc. verwendet werden.

Arbeitsschutz

Arbeitsschutz darf auch bei der Autopflege nicht vernachlässigt werden. Angefangen beim Arbeiten mit chemischen Produkten wie Versiegelungen, deren Dämpfe wir nicht einatmen sollten, bis hin zur Verwendung von säurehaltigen oder alkalischen Reinigern, die wir nicht auf unsere Haut oder in die Augen bekommen dürfen. Daher gibt es 3 elementare Schutzmaßnahmen für alle, die sich für Autopflege begeistern:

- Schutzhandschuhe
- Schutzbrille
- Atemmaske

Darüber hinaus gelten natürlich auch hier alle Arbeitsschutzmaßnahmen, die man beim Arbeiten am Auto beachten sollte. Dazu zählen besonders die Sicherungsvorkehrungen beim Anheben/Aufbocken des Fahrzeugs, der sichere Umgang mit elektrischem Werkzeug (Poliermaschine etc.), Warnhinweise zu gut belüfteten Räumen (z. B. Auftragen von Versiegelung) zu beherzigen und Ordnung am Arbeitsplatz zu halten.

Beading und Sheeting

Diese zwei englischen Begriffe können folgendermaßen übersetzt werden:

- **Beading = Perlenbildung**

  Den entsprechenden Effekt kennt jeder: Haben wir kein Wachs, Coating oder keine Versiegelung auf dem Lack, werden sich keinerlei Wasserperlen auf dem Lack bilden; es sind eher unförmige Wasserflecken und keine schönen kleinen Tröpfchen. Möglichst kleine, perfekt rund geformte Wassertropfen haben den Vorteil, dass sie schnell vom Lack ablaufen können und schneller verdunsten, sollten sie nach dem Regen noch auf dem Lack stehen.

  Das Beading-Verhalten bezieht sich generell auf alle versiegelten oder gewachsten Flächen und Bauteile am Auto, also nicht nur die Lackflächen, sondern auch auf Kunststoffe, Chromteile, Felgen usw.

- **Sheeting = Wasserablaufverhalten**

  Mit Sheeting wird das Wasserablaufverhalten bezeichnet. Jeder von uns kennt die Lotusblüte und den nach ihr benannten Effekt, der dafür sorgt, dass bei Regen das Wasser von der Oberfläche einfach abläuft und keinerlei Möglichkeit findet, auf ihr zu haften. Genau diesen Effekt wünschen wir uns für den Autolack: Der Regen läuft einfach nur herunter und genauso hat auch Schmutz kaum eine Chance auf dem Lack zu haften. Außerdem lässt sich das Fahrzeug nach der Wäsche besser abtrocknen.

Beading und Sheeting beschreiben also die hydrophoben (altgriechisch für „wassermeidend") Eigenschaften eines Produktes bzw. der damit behandelten Oberfläche. Diese wasserabweisenden Fähigkeiten sind absolut wichtig für die Performance eines Produktes, allerdings sagen sie nur wenig über die speziellen Pflegeeigenschaften aus: Ob beispielsweise ein Wachs UV-Schutz bietet oder ein Shampoo eine rückfettende Wirkung hat, lässt sich aus dem Wasserablaufverhalten nicht schließen.

Coating

Für viele Autopflege-Enthusiasten sind Coatings eine Weiterentwicklung von Versiegelungen. Ein Coating (eng.: Beschichtung) basiert auf einer Silizium-Verbindung, so beispielsweise Siliciumdioxid (SiO_2, auch als Glass Coatings bezeichnet) oder Siliciumcarbid (SiC, Keramik-Versiegelung).

Cut

Der englische Begriff für die Abtragsleistung einer Politur. Die Abtragsleistung wird durch die Körnung der Polierkörper in der Politur gesteuert und führt dazu, dass der Lackabtrag mehr oder weniger schnell geschieht.

Detailer

Mit dem Begriff „Detailer" wird eine sprühbare Flüssigkeit bezeichnet, die meist einen schönen Glanz auf den Lack bringt. Der Auftrag erfolgt in der Regel als letzter Arbeitsgang nach der Handwäsche bzw. nach dem Auftragen eines Wachses. Der Detailer selbst hat zwar eine sehr kurze Standzeit, er wirkt sich aber standzeitverlängernd für die darunter liegende Wachs- bzw. Versiegelungsschicht aus.

Fingerwischtest

Wenn wir ein Wachs auf den Lack auftragen, benötigt das Produkt eine gewisse Zeit zum Ablüften. Da diese Zeitspanne bei den verschiedenen Wachsen unterschiedlich sein kann und auch äußere Einflussfaktoren wie beispielsweise die Außentemperatur oder die Luftfeuchtigkeit eine Rolle spielen, können wir mit dem Fingerwischtest einfach überprüfen, ob ein Wachs abgelüftet ist.

- Vorgehensweise: Mit einem sauberen Finger streichen wir ca. 3 bis 5 cm über die gewachste Fläche.
- Sollte dieser Strich nun den Lack ohne jeglichen Schlieren zeigen, ist das Wachs abgelüftet und kann abgetragen werden.
- Wenn wir aber eine Schlierenbildung haben, war das Wachs noch nicht lange genug auf dem Lack und muss noch einige Minuten weiter ablüften.

Foam

„Foam" ist der englische Begriff für „Schaum". Bevor wir den Wagen schonend mit dem 2-Eimer-Prinzip per Hand waschen, muss der grobe Schmutz vom Lack entfernt werden. Da wir leider in den wenigsten Fällen wissen, ob der SB-Waschboxen-Betreiber in seiner Anlage ein pH-neutrales Produkt einsetzt, verwenden wir besser unseren eigenen Schaum. Der Schaum wird mit einem so genannten Schaumsprüher aufgebracht. Diese Geräte arbeiten werksseitig manuell, es gibt aber auch Umbauanleitungen auf Elektropumpe, damit wir nicht mit der Hand immer wieder einen Betriebsdruck von 3 bar aufbauen müssen.

Die richtige Mischung für den jeweils eingesetzten Schaumsprüher ist in der Regel Erfahrungssache: Abhängig von der Wasserhärte und dem verwendeten Schaum können die Mischung bei jedem anders ausfallen – und damit auch das Schaumbild. Eine bewährte Mischung, die in den meisten Fällen ein gutes Schaumbild garantiert besteht aus:

Gloria FM10

- Koch Chemie Gentle Snow Foam (roter Filter): 25 ml auf 1 Liter Wasser
- ValetPro Snow Foam (schwarzer Filter): 15 ml auf 1 Liter Wasser

Gloria FM30

- Gloria Top Foam Auto-Shampoo (blauer Filter): 45 ml auf 3 Liter Wasser
- Koch Chemie Gentle Snow Foam (roter Filter): 30 ml auf 3 Liter Wasser

Alternativ dazu gibt es auch Foam Lances, also Schaumlanzen (z. B. Kärcher FJ 6 Schaumdüse, ca. 20 Euro). Dieses Zubehör wird auf den Hochdruckreiniger geschraubt und produziert ein geniales Schaumbild ganz ohne körperliche Anstrengung.

Haltbarkeit

Auf allen Produkten zur Autopflege ist kein Mindesthaltbarkeitsdatum angegeben. Bei richtiger Lagerung sind die meisten Mittel bis zu mehreren Jahren haltbar. Kühl und trocken abgestellt und vor allem geschützt vor direkter Sonneneinstrahlung sind die besten Voraussetzungen für eine lange Haltbarkeit. Auch wenn es durchaus bequem ist, stets etwas Autopflege im Kofferraum aufzubewahren, so ist dies besonders im Hochsommer bei hohen Temperaturen natürlich nicht der beste Lagerort. Auch in einer Garage, in der es im Winter sehr kalt wird, sollte keine Pflegeprodukte abgestellt werden.

Bei vielen Produkten setzt die so genannte Phasentrennung ein, wenn sie lange Zeit nicht benutzt wurden. Das ist absolut unkritisch: Vor Gebrauch schüttel sorgt dafür, dass sich die Komponenten wieder vermischen. Die Phasentrennung ist also kein Indiz für die möglicherweise schlechte Qualität eines Produktes.

Gefahrstoffe und Symbolerklärung

Das Bundesumweltamt erklärt dazu: Am 20. Januar 2009 ist die europäische GHS Verordnung (EG) Nr. 1272/2008, genannt CLP-Verordnung (Classification, Labelling and Packaging), in Kraft getreten. Mit Inkrafttreten dieser Verordnung wurde europaweit ein neues System für die Einstufung, Kennzeichnung und Verpackung von Stoffen und Gemischen eingeführt. Die europäischen Richtlinien 67/548/EWG (Stoffrichtlinie) und 1999/45/EG (Zubereitungsrichtlinie), die rechtliche Basis für das bisher gültige Einstufungs- und Kennzeichnungssystem, werden zum 1. Juni 2015 aufgehoben. Für die Umstellung auf die neue Regelung sind lange Übergangsfristen vorgesehen. So ist die CLP-Verordnung für Stoffe seit dem 1. Dezember 2010 verbindlich anzuwenden, für Gemische ab dem 1. Juni 2015.

GSM

GSM ist die Abkürzung für „gramm per squaremeter". Alles Wissenswerte darüber findet Ihr im Kapitel Autopflege-Equipment unter *Mikrofasertücher*.

HDR

„HDR" ist die Abkürzung für Hochdruckreiniger. Stets auf den richtigen Abstand der Lanze zum Lack achten!

Hologramme

Hologramme entstehen in erste Linie durch falsche Poliertechnik. Diese Lackfehler sind deshalb so problematisch, weil man sie im Tageslicht besonders gut erkennen kann, so beispielsweise, wenn das Fahrzeug in der Sonne steht.

Eine Anti-Hologrammpolitur sorgt für eine einwandfreie Lackoberfläche. Weitere Informationen

Klasse und Piktogramm	**Symbol und Signalwort**	**Bedeutung / Beispiel**	**Sicherheit**
CHEMISCHE GEFAHREN			
	Ausrufezeichen, GHS07 – Signalwort: Achtung	Erzeugen gesundheitliche Schäden, kann passieren durch Einatmen, Verschlucken etc. - Reizung der Augen, Haut oder Atemwege	▪ Handschuhe ▪ Schutzbrille ▪ Atemschutz
	Gesundheitsgefahr, GHS08 – Signalwort: ohne	Können Allergien auslösen, Reizungen der Haut und Augen, organschädigend etc.	▪ Handschuhe ▪ Schutzbrille ▪ Atemschutz
	Ätzwirkung, GHS05 – Signalwort: ohne	Können Metalle und Körpergewebe verätzen, bspw. sind schwere Augenschäden möglich ▪ starke, saure Felgenreiniger	▪ Handschuhe ▪ Schutzbrille ▪ Atemschutz
	Totenkopf mit Knochen, GHS06 – Signalwort: ohne	Bereits kleinere Mengen können zu bleibenden gesundheitlichen Schäden oder dem Tod führen	Nicht einatmen, verschlucken oder berühren
PHYSIKALISCHE GEFAHREN			
	Flamme, GHS02 – Signalwort: Gefahr	Brennbare Flüssigkeit, Lösungsmittel etc. ▪ Flüssigkeit läuft aus und Zigarette fällt hinein	▪ Produkt von offener Flamme u. Wärmequellen fernhalten ▪ Brandsicher lagern ▪ Flaschen dicht verschließen
UMWELTGEFAHR (WASSERORGANISMEN)			
	Umwelt, GHS09 – Signalwort: Achtung	Generell schädlich für die Umwelt, schädlich für Gewässer/ Wasserorganismen ▪ Produkt läuft aus und gelangt in Seen, Bäche Flüsse etc.	Produkt nur über den Sondermüll entsorgen, damit keine Reste in die Umwelt gelangen

dazu findet Ihr im Kapitel 4, Abschnitt *Lackzustand beurteilen.*

IPA

„IPA" ist die Abkürzung für Isopropylalkohol oder auch Isopropanolalkohol. Mit einem IPA kann der Lack nach dem Polieren ideal von Politurresten befreit werden, so dass kontrolliert werden kann, ob noch Kratzer im Lack sind. Außerdem wird IPA für die Lackreinigung eingesetzt, bevor ein Wachs oder eine Versiegelung aufgetragen wird, um die bestmögliche Standzeit eines Lackschutzes zu erreichen.

Kreuzstrichverfahren

Mit dem Kreuzstrichverfahren bezeichnen wir in der Autopflege die Vorgehensweise, wie wir bspw. ein Wachs auf den Lack auftragen oder mit der Poliermaschine „über den Lack fahren".

Am Beispiel des Wachsauftrages wird das Prinzip leicht verständlich: Wir nehmen ein Applicator Pad und etwas Wachs, das wir nun auf dem Lack verteilen wollen. Dazu gehen wird nicht in kreisförmigen Bewegungen vor, sondern eben im Kreuzstrich. Bei diesem Verfahren streichen wir das Pad sanft in Bahnen von links nach rechts (horizontal) über den Lack und anschließend in vertikalen Bahnen von oben nach unten. Durch diese Technik haben wir einen perfekt deckenden Wachsauftrag auf dem Autolack.

MFT

Die Abkürzung „MFT" steht für Mikrofasertuch. Die Länge der Fasern, die Dichte der Fasern und die Faser selbst sind ausschlaggebend für den passenden Anwendungsbereich. Detaillierte Informationen haben wir im Kapitel 13 Autopflege-Equipment zusammengestellt.

Polieren

Hier kommt es oft zu Missverständnissen: Unter Politur versteht man das Beseitigen von Kratzern im Lack. Es geht hier nicht um das Polierwachs oder um Lackschutz im Allgemeinen.

Beim Polieren arbeiten wir mit Schleifpolituren (z. B. von Merzerna) mit unterschiedlichem Cut: Je stärker die Beschädigung des Lacks, desto abrasivere Wirkung sollte die Politur haben. Im weiteren Verlauf des Poliervorgangs verwenden wir eine immer feinere Politur, bis wir eine hochglänzende Oberfläche erzielt haben.

PTFE

Diese 4 Buchstaben stehen für Polytetrafluorethylen, ein im Volksmund als Teflon bekannter Kunststoff. PTFE weist eine geringe Oberflächenspannung auf, ist hitzebeständig und wird daher als Beschichtung für Bratpfannen verwendet.

In der Autopflege finden wir PTFE in manchen Wachsen wieder, so z. B. Soft99 Fusso Coat oder auch beim Felgenwachs Swissvax Autobahn. Gerade durch die hohe Hitzebeständigkeit eignet sich PTFE als Bestandteil in Felgenwachsen sehr gut, da Felgen durch die Wärmeentwicklung der Bremsen bis zu 800 Grad warm werden können. Wachse ohne PTFE sind nicht für so hohe Temperaturen geeignet und halten dementsprechend weniger lang auf den Felgen.

RIDS

Der Begriff RIDS (Random Isolated Deep Scratches) kategorisiert Kratzer, deren Ursache nicht genau nachvollziehbar ist. Dazu zählen beispielsweise Beschädigungen durch Schlüssel, Einkaufswagenrempler und auch Kratzer durch Gestrüpp oder Hecken. Der Kratzer kann nur ganz leicht sein bis hin zu sehr tief, sogar bis auf das blanke Blech.

Schichten und Toppen

Der Unterschied zwischen Schichten und Toppen ist denkbar einfach, mit dem Begriff „Schichten" bezeichnen wir in der Autopflege die Möglichkeit, mehrere Lagen von einem Produkt – das kann ein Wachs oder eine Versiegelung sein – auf den Lack aufzutragen.

Wenn wir vom „Toppen" sprechen, so ist das finale Auftragen eines Produktes auf ein anderes Produkt, das sich bereits auf dem Lack befindet, gemeint. Beispiel: Wir haben bereits ein Wachs auf den Lack aufgetragen und danach toppen wir eben dieses Wachs mit einem Detailer.

Swirls

Eines der am häufigsten anzutreffenden Schadensbilder an schlecht oder falsch gepflegten Autos sind kreisförmig verlaufende feine Kratzer. Die so genannten Swirls entstehen durch die Rotation der Waschbürsten in einer Waschstraße. Hier schafft eine leichte Politur Abhilfe. Weitere Informationen dazu findet Ihr im Kapitel 4, Abschnitt *Lackzustand beurteilen.*

Um Swirls besser sehen zu können, hilft das kalt-weiße Licht einer LED-Lampe.

DIE AUTOREN

Martin Mainka ist Gründer und Inhaber des Autopflege Onlineshops Waschhelden.de. Mit den Jahren sammelte er dank verschiedener Seminare, Schulungen und Workshops bei unterschiedlichen Herstellern reichhaltige Erfahrungen auf dem Gebiet der Fahrzeugpflege und entwickelte ein praxisorientiertes Know-how im Umgang mit jeder Art von Pkw. Neben dem Handel von Autopflegeprodukten testet er ständig neue Produkte aus aller Welt, ist an der Entwicklung von Innovationen beteiligt und verfügt zudem über ein großes Netzwerk an wichtigen Kontakten zu Herstellern, Forschungs- und Entwicklungsabteilungen sowie Fahrzeugaufbereitern. Der tägliche Kontakt zu Endkunden und deren vielfältigen Fragen zu Produkten und individuellen Problemstellungen ermöglicht ihm einen tiefen Einblick in die Szene der Fahrzeugpflege-Enthusiasten.

Oliver Haas ist im Hauptberuf Unternehmensberater im IT-Bereich und beschäftigt sich seit seiner frühen Jugend mit dem Thema Autopflege. Mit dem Kanal „83metoo" hat er über die letzten Jahre den ersten professionellen und mit inzwischen über 100.000 Abonnenten auch größten YouTube-Channel in Deutschland, Österreich und der Schweiz aufgebaut, in dem es um das professionelle Waschen, Aufbereiten und Pflegen von Autos und Motorrädern geht.

Durch die enge Zusammenarbeit und den stetigen Austausch mit Herstellern von Fahrzeugpflegeprodukten und Fahrzeugaufbereitern verfügt er über ein umfangreiches Praxiswissen. Dank permanenter Produktvorstellungen und aufwändiger Anwendungstests in seinem YouTube-Kanal kennt er die Produkte genau und weiß so aus eigener Erfahrung, was ein Produkt können muss, damit es für den Endanwender ebenso sinnvoll wie leicht einzusetzen ist. Die zahlreichen Rückmeldungen aus der 83metoo-Community decken das gesamte Spektrum der Fahrzeugpflege ab und geben stets neue Impulse für praxisnahen Content.

Oliver Haas hat 2018 damit begonnen, seine eigene Produktlinie zu kreieren: Mit dem Wonder Dryer Trockentuch und zwei verschiedenen Waschhandschuhen erschienen seine ersten eigenen Autopflege-Produkte auf dem Markt. Seine Marke 83metoo folgt dabei der Philosophie, nur dann ein Produkt mit eigenem Namen auf den Markt zu bringen, wenn er davon wirklich überzeugt ist.

DANKSAGUNG

Die Realisierung eines solchen Buchprojektes ist immer das Ergebnis von Teamwork. Darum nutzen wir hier gerne die Gelegenheit, um einigen tatkräftigen Unterstützern dieses Projektes noch mal ausdrücklich zu danken:

An erster Stelle stehen natürlich unsere Lebensgefährtinnen Julia und Magdalena sowie unsere Familien und natürlich die kleine „Gloria" – ohne ihren Rückhalt und ihr Verständnis für die zahlreichen Stunden, die wir neben unserer normalen Arbeit in dieses Projekt investiert haben, wäre das Buch kaum möglich gewesen.

Der Entstehungsprozess eines solchen Ratgebers wird selbstverständlich von zahlreichen Menschen mitgestaltet: So gebührt unserem Fotografen Constantin Stein ein herzlicher Dank für seine Flexibilität, Kreativität und Geduld bei vielen Shooting-Terminen. Bei Matthias Krystek von Glanzhelden möchten wir uns dafür bedanken, dass er seine Räumlichkeiten zur Verfügung gestellt und auch die Fotoproduktion tatkräftig unterstützt hat. René Marx von der Clean Car AG (Waschpark) danken wir für die Erlaubnis, dass wir das Areal der Geschäftsstelle in Mülheim a. d. Ruhr für unser Fotoshooting nutzen durften. Ein großes Dankeschön an die Firma Bonrath Sicherheitstechnik, deren Waschpark als Kulisse und Drehort für zahlreiche 83metoo-Videos dient. Herzlichen Dank gebührt auch den engagierten Herstellern, die uns ihre Produkte für die Anwendungen zur Verfügung gestellt haben.

Herr Philipp Reichelt von reichelt media.design und Basty haben zahlreiche der in diesem Buch zu findenden Grafiken erstellt.

Außerdem möchten wir uns bei den Mitarbeitern von Waschhelden.de Philippe Albers, Felix Brauers, Lutz Eijking, Marvin Lumer, David Süsselbeck, Viola Ulrich sowie Christian Wagner und beim Team von LT Pictures bedanken, dass sie unser Projekt so engagiert unterstützt haben. Vergessen dürfen wir auch nicht die Fahrzeugbesitzer, die uns ihre Autos für die verschiedenen Fotosessions überlassen haben.

Danke an alle Mitglieder der 83metoo-Community, die mit ihrem Input das Buch – bewusst oder unbewusst – unterstützt haben; hier sind ganz besonders Juli, DingDing, Chris, Flow, Daniel aka Mark Forster und Pierre zu nennen.

Last but not least geht ein herzlicher Dank auch an Jürgen Schlegelmilch vom HEEL Verlag für seine große Unterstützung bei der Realisierung des Buches.

GTI

Q2
TIRE
DEEP, MATT BLACK AND
CLEANLINESS FOR TIRES
GYEON

menzerna
polishing compounds
Perfection in Polishing
Discover the Menzerna Dimension
www.menzerna.de
QUALITY MADE IN GERMANY
HEAVY CUT COMPOUND 400
HEAVY CUT COMPOUND 1000
MEDIUM CUT POLISH 2400
SUPER FINISH 3500
POWER LOCK ULTIMATE PROTECTION 4
Anwendungsvideo

R222 CONCOURS CARNAUBA WAX
UNGLAUBLICHER TIEFENGLANZ, LEICHTE VERARBEITUNG
& LANG ANHALTENDER SCHUTZ
Concours-look Carnauba Wax
R222
Contents: 200 ml e
EXTRA REINES BRASILIANISCHES GRADE A CARNAUBA-WACHS
R222®

KochChemie®
ExcellenceForExperts.
UN
KC 1968

Das
Beste fürs
Liebste
SINCE 1968
RADIAL G/T
SUPER STAR

cleaner
faster
longer
nanolex
www.nanolex.de

SONAX®
MADE IN GERMANY
WECK DAS BEAST!
DAMIT DIE FELGE STRAHLT!
FelgenBeast
RDKS
SONAX
MADE IN GERMANY
FelgenBeast
FELGENREINIGER
SÄUREFREI
SONAX
FelgenBeast
FELGENREINIGER
SÄUREFREI
FELGENBEAST – LÄSST SCHMUTZ KEINE CHANCE
• Säurefreier, materialschonender Reiniger
• Entfernt biestige Verschmutzungen von allen Felgen
• Für Räder mit RDKS geeignet
• Mit Wirkindikator
www.sonax.de/felgenbeast

MICHELIN
TUBELESS
RADIAL